I0064669

Luftfahrzeugbau und -Führung

Hand- und Lehrbücher des Gesamtgebietes

In selbständigen Bänden unter Mitwirkung von

R. Basenach †, Ingenieur, Berlin. A. Baumann, Ingenieur, Professor für Luftfahrt, Flugtechnik und Kraftfahrzeugbau an der Techn. Hochschule Stuttgart. P. Béjeuhr, Ingenieur, Assistent der Aerodynamischen Versuchsanstalt Göttingen. Dr. A. Berson, Professor, Berlin. Dr. G. von dem Borne, Professor für Luftfahrt an der Techn. Hochschule Breslau. Dr. F. Brähmer, Chemiker, Assistent a. d. Kgl. Militärtechn. 'Akademie Berlin. G. Christians, Dipl.-Ingenieur, Rheinau-Baden. R. Clouth, Fabrikbesitzer, Paris-Neuilly. Dr. M. Dieckmann, 1. Assistent am Physik. Institut der Techn. Hochschule München. Dr. H. Eckener, Friedrichshafen a. B. Dr. Flemming, Stabsarzt a. d. Kaiser-Wilhelms-Akademie Berlin. R. Gradenwitz, Ingenieur, Fabrikbesitzer, Berlin. J. Hofmann, Preußischer Regierungsbaumeister, Kaiserlicher Reg.-Rat a. D., Genf. Dr. W. Kutta, Professor a. d. Techn. Hochschule Aachen. Dr. F. Linke, Dozent für Meteorologie u. Geophysik am Physikal. Verein u. d. Akademie Frankfurt a. M. Dr. A. Marcuse, Professor an der Universität 'Berlin. Dr. A. Meyer, Assessor, Frankfurt a. M. St. v. Nieber, Exzellenz, Generalleutnant z. D., Berlin. Dr. ing. E. Roch, Dipl.-Ingenieur, Berlin. E. Rumpler, Ingenieur, Direktor, Berlin. O. Winkler, Oberingenieur, Berlin u. a.

herausgegeben von

Georg Paul Neumann

Hauptmann a. D.

II. Band

München und **Berlin**

Verlag von R. Oldenbourg

1911

Aeronautische Meteorologie

von

Dr. Franz Linke

Dozent für Meteorologie und Geophysik am Physikalischen Verein
und der Akademie zu Frankfurt a. M.

II. Teil

Mit 37 Textabbildungen und 7 farbigen Karten

München und **Berlin**
Verlag von R. Oldenbourg
1911

Alle Rechte, einschließlich des Übersetzungsrechtes, vorbehalten

Copyright 1911 by F. B. Auffahrt, Frankfurt a. M.

Druck der Königl. Universitätsdruckerei H. Stürtz A.-G., Würzburg.

Vorwort zum 2. Teil.

———

Die freundliche Aufnahme, welche der 1. Teil der „Aëro-
nautischen Meteorologie" trotz der neuartigen Behandlung des
alten Stoffes gefunden hat, ermöglichen es beim vorliegenden
Teil die gleichen Grundsätze zu befolgen: Vom Standpunkte des
Luftfahrers aus die meteorologischen Tatsachen und Probleme
zu betrachten; nur das zu bringen, was für die Luftfahrt von
Wichtigkeit sein kann; veraltete, seit Generationen mitgeschleppte
Anschauungen fallen zu lassen und statt dessen die vielen einzelnen
Gesichtspunkte zusammenzustellen, welche der praktischen Be-
tätigung der letzten Jahre entspringen und — wenn auch viel-
fach bekannt — doch meist noch ungedruckt sind.

Leider erwies sich der Stoff als so umfangreich, dass trotz
allen Strebens nach Kürze von einer Behandlung klimato-
logischer Fragen, nämlich wie die speziellen Klimaeigenschaften
der einzelnen Weltteile der Ausübung der Luftfahrt förderlich
oder hinderlich werden können, ganz abgesehen werden musste.
Es kam die Überlegung hinzu, dass die bisherigen Erfahrungen
auch noch zu gering sind, um abschliessende Urteile zu ermöglichen. Der Verfasser behält jedoch dieses äusserst wichtige
Kapitel im Auge und hofft in einiger Zeit der „Aëronautischen
Meteorologie" eine „Aëronautische Klimatologie" folgen zu
lassen.

Das Kgl. Meteorologische Observatorium in Potsdam, Direktor Prof. Dr. R. Süring, überliess mir in dankenswertem Entgegenkommen eine grosse Zahl prächtiger Wolkenbilder.

Auch Herrn Assistent Albert Schmidt aus Wiesbaden bin ich für seine sachverständige Hilfe beim Anfertigen der Abbildungen zu grossem Danke verpflichtet.

Frankfurt a. M. im Juli 1911.

Dr. Franz Linke.

Inhalt.

Kapitel VI

Wolken.

1. Klassifikation der Wolken.

Einer Klassifikation der Wolken kann man verschiedene Gesichtspunkte zu Grunde legen: das äusserliche Ansehen, die Entstehungsweise, die Höhe und andere. So sind auch von verschiedenen Forschern häufig Vorschläge mancher Art gemacht worden. Durchgesetzt hat sich aber hauptsächlich die von einem englischen Kaufmanne H o w a r d (um 1800) vorgeschlagene Einteilung, welche in Deutschland bemerkenswerterweise durch G o e t h e eingeführt ist, nämlich die Unterscheidung zunächst in drei Hauptformen: Federwolken (C i r r u s), Haufenwolken (C u m u l u s) und Schichtwolken (S t r a t u s). Wenn darin auch ursprünglich nur die äussere Erscheinung berücksichtigt worden ist, so zeigte sich doch allmählich, dass die Wolken auch nach ihrer Entstehungsweise damit gleichzeitig ganz gut unterschieden sind.

Die Übergänge zwischen den drei Hauptformen sind dann durch Doppelworte gekennzeichnet worden: C i r r o - C u m u l u s für die kleinen geballten Cirren, die feinen Schäfchenwolken; C i r r o - S t r a t u s für feine weisse Wolkenschleier; S t r a t o - C u m u l u s für schichtförmig und fast lückenlos an einandergereihte Haufenwolken usw. Die regnende Wolke wurde mit N i m b u s bezeichnet, und so nennt man die Haufenwolke, die zu regnen beginnt, C u m u l o - N i m b u s; das ist dann gleichzeitig die Gewitterwolke. Später ist auf Grund der Howard'schen Vorschläge durch eine internationale Kommission eine feststehende

Klassifikation der verschiedensten Wolkenformen vorgeschlagen worden, welche hier im Wortlaut[1]) wiedergegeben werden soll:

1. C i r r u s, Federwolke (Ci.). Vereinzelte zarte Wolken von faserigem Gewebe, federartiger Form von weisser Farbe (auch Windbäume genannt). Sie sind oft in Banden und Bogen grösster Kreise am Himmel angeordnet und konvergieren nach zwei Gegenpunkten des Horizontes (Polarbanden). Die nächsten Formen beteiligen sich oft an diesen Gebilden.

2. C i r r o - S t r a t u s, Schleierwolke, fedrige Schichtwolke (Ci.-S.). Feiner weisslicher Wolkenschleier von faseriger Struktur, der mehr oder weniger den ganzen Himmel überzieht. Zuweilen entsteht er geradezu durch Vermehrung und Verfilzung der Cirren. In diesen Wolkenformen zeigen sich oft Ringe (Halos) um Sonne und Mond, sowie Nebensonnen. Sie manifestieren dadurch ihre Natur als E i s w o l k e n, d. h. ihre Zusammensetzung aus feinen Eisnadeln.

3. C i r r o - C u m u l u s, Schäfchenwolke, Mackerel Sky (Ci.-Cu.) Kleine geballte oder flockenförmige Wolkengebilde, in Gruppen, oft auch in Reihen angeordnet. Sie werfen keine oder nur ganz schwache Schatten.

4. A l t o - C u m u l u s (A.-Cu.). Dickere Wolkenballen, weiss oder blassgrau, in Gruppen oder Reihen angeordnet, oft so zusammengedrängt, dass ihre Ränder sich berühren. Sie werfen teilweise Schatten. Oft erscheinen sie nach einer oder zwei Richtungen reihenförmig angeordnet.

5. A l t o - S t r a t u s, hohe Schichtwolke (A.-S.) Dichter Schleier von grauer oder bräunlicher Farbe, der in der Nähe der Sonne oder des Mondes stärker leuchtet; bewirkt die Bildung von Höfen, aber nicht von Halos. Diese Wolkenform zeigt alle Übergänge zum Cirro-Stratus, gehört aber tieferen Schichten an.

6. S t r a t o - C u m u l u s (S.-Cu.). Dicke Wolkenballen oder dunkle Wolkenwülste, die häufig den ganzen Himmel bedecken, namentlich im Winter, und ihm zuweilen ein wogenförmiges Aussehen geben. Die Mächtigkeit einer Strato-Cumulusschicht ist im allgemeinen nicht sehr beträchtlich und es bricht häufig das Blau des Himmels durch. Alle Übergänge zum Alto-Stratus; vom Nimbus unterschieden durch das ballen- und walzenförmige Aussehen, sowie durch das Fehlen des Regens.

7. N i m b u s, Regenwolke (N.). Eine dicke Schicht dunkler formloser Wolken mit zerfetzten Rändern, aus welchen zumeist Regen oder Schnee fällt. In den Lücken dieser Wolkendecke bemerkt man fast immer über derselben eine Schicht von Alto-Stratus oder Cirro-Stratus. Wenn diese Wolkenschicht in Fetzen zerreisst oder unter ihr niedrigere lose kleine Wolken dahineilen, so ist dies der Fracto-Nimbus („Scud" der Seeleute).

---

[1]) Nach J. H a n n, Lehrb. d. Met. Der I n t e r n a t i o n a l e W o l k e n - a t l a s, in welchem dieser Wortlaut veröffentlicht wurde, ist durch den Buchhandel nicht mehr erhältlich und wird von den Bibliotheken nicht auswärts verliehen.

8. C u m u l u s , Haufenwolke (Cu.). Dicke, zuweilen sehr mächtige Wolken, die oben abgerundete Formen haben, vielfach in runden Kuppen turmartig emporquellen, unten aber horizontal begrenzt sind. Die von der Sonne beschienenen Flächen erscheinen weiss und von blendender Helle, die beschatteten Seiten und die Basis nimmt meist eine dunkelblaue Farbe an.

Der eigentliche Cumulus ist oben und unten scharf begrenzt, wird er aber durch heftige Winde zerrissen, so geht er in Fracto - Cumulus über.

9. C u m u l o - N i m b u s (Cu.-N.). Gewaltige Wolkenmassen, die, von der Cumulusform ausgehend, sich in Gestalt von Bergen (oft mächtige Schneegebirge vortäuschend), Türmen etc. erheben und im allgemeinen in der Höhe sich mit einem Cirro-Stratusschirm bedecken, während sie nach unten in nimbusartige Wolkenmassen übergehen. Aus ihrer unteren Schicht gehen gewöhnlich lokale Regen-, Hagel- oder Graupelschauer nieder. Die oberen Ränder haben entweder kompakte Cumulusformen und bilden mächtige Köpfe oder sie gehen in cirrusartige Bildungen über.

Die Front weit ausgedehnter Gewitterwolken zieht nicht selten in Form eines weit ausgedehnten Bogens vom Horizont her auf.

10. S t r a t u s (S.) Gehobene Nebel in wagerechter Schichtung.

Wollen wir in die schon oben vorgeschlagene Einteilung der Wolken in tiefe, mittlere und hohe Wolken die soeben ausführlich beschriebenen Arten einfügen, so können wir kurz folgende Tabelle zu Grunde legen. Hohe Wolken (über 6000 m): Cirrus, Cirro-Stratus, Cirro-Cumulus; mittelhohe Wolken (ca. 4000 m): Alto-Stratus und Alto-Cumulus; niedrige Wolken (bis 3000 m): Cumulus, Stratus, Strato-Cumulus und Nimbus.

2. Die Höhe der Wolken.

Die Höhe der Wolken festzustellen, ist in der Luftschifffahrt oft von grosser Bedeutung. In gebirgigen Gegenden kann die Höhe tieferer Wolken leicht dadurch ermittelt werden, dass man ihre Höhe mit benachbarten Berghängen vergleicht. Sonst kann man durch Aufstiege mit den vielfach eingeführten Gummi-Pilotballonen wohl am schnellsten zum Ziele gelangen. Aus der Dauer des Aufstieges bis zum Verschwinden des Ballons in den Wolken kann man sofort die Höhe berechnen, da die Aufstiegsgeschwindigkeit in der Minute nach den Anweisungen im 1. Band Seite 49 ff. leicht zu ermitteln ist. Auch bei Drachenaufstiegen kann man durch direkte Beobachtung oder auch aus den Registrierungen der im Drachen angebrachten Meteorographen die unteren und oberen Wolkengrenzen leicht herleiten.

Aber auch wenn keine Gegenstände in der Luft vorhanden sind, welche einen Vergleich gestatten, kann man von der Erde aus auf verschiedene Methoden die Wolkenhöhe feststellen: Am meisten wird wohl die trigonometrische Höhenmessung benutzt, wobei man zwei Wolkenthcodolithen, (das sind Winkel-

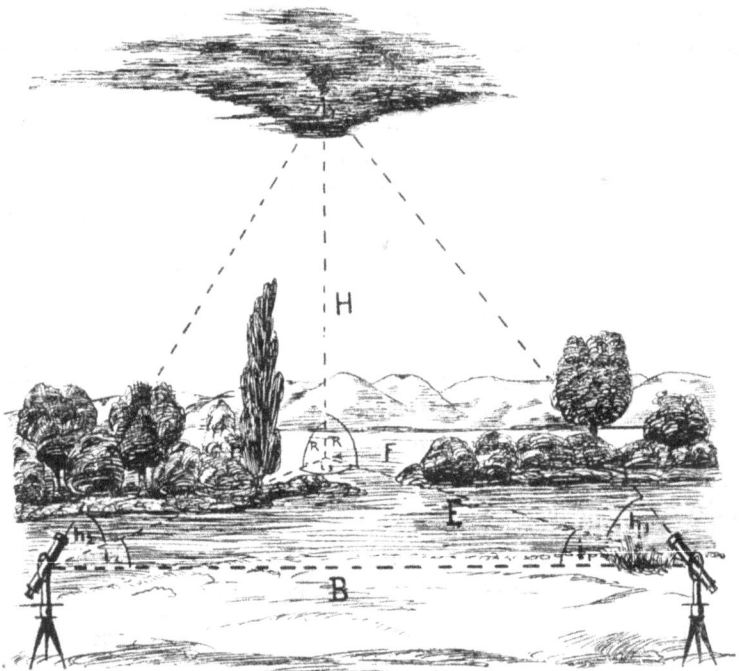

Fig. 1. Höhenmessung von Wolken mittels zweier Theodolithen.

messinstrumente, in denen die Fernrohre durch Visiervorrichtungen ersetzt sind), die um etwa zweihundert Meter von einander aufgestellt sind, auf einen ganz bestimmten Punkt der Wolke, über welche man sich vorher (ev. telephonisch) verständigt hat, richtet. Durch Messung der Winkel sowie des Abstandes der beiden Theodolithen kann man die Höhe nach einfachen trigonometrischen Formeln berechnen (s. Fig. 1).

In dem Dreieck, welches von den beiden Theodolithen und dem Fuss-punkt F des anvisierten Teiles der Wolke gebildet wird, hat man zwei Winkel i_1 und i_2 und die Entfernung der Theodolithen, die „Basis" B (mindestens 200 m) gemessen. Da $i_3 = 180^0 - i_1 - i_2$ ist, findet man die horizontale Entfernung des einen Theodolithen von dem Fusspunkte der Wolke E durch die Formel

$$B : E = \sin i_3 : \sin i_1$$

also

$$E = B \frac{\sin i_1}{\sin i_3}.$$

Dadurch ist in dem rechtwinkligen Dreieck der Höhenwinkel h_1 und die eine Seite E bekannt; die Höhe H ergibt sich also aus der Formel

$$H = E \tan g\, h_1.$$

Setzt man den obigen Ausdruck für E ein, wird

$$H = B \frac{\tan g\, h_1 . \sin i_1}{\sin i_3}.$$

Durch die Fortschritte der Photographie ist dieses Ver-fahren wesentlich vereinfacht worden. Wenn man nämlich die Visiere in den Theodolithen durch photographische Kameras ersetzt und die beiden Kameras durch besondere Vorrichtungen genau parallel stellt, so bekommt man von derselben Wolke zwei Bilder, die etwas gegeneinander verschoben sind. Aus der Verschiebung kann man auf trigonometrische Weise die Höhe be-rechnen. Für dieses Verfahren ist von dem verstorbenen Direktor des meteorologischen Observatoriums in Potsdam, Professor Sprung, ein selbsttätiger Apparat erfunden worden. Der von ihm konstruierte Wolkenautomat gestattet, von einem Punkte aus zwei, $1^1/_2$ Kilometer entfernt stehende, photographische Wolkentheodolithen zu gleicher Zeit zu belichten. Die Figur 11 zeigt ein in Potsdam erhaltenes Doppelbild (Cirrus).

Noch einfacher ist der Weg, der häufig vorgeschlagen und in Wien auch zur Anwendung gekommen ist: Wenn man näm-lich durch einen senkrecht nach oben gerichteten Scheinwerfer Wolken beleuchten lässt und in einer bekannten Entfernung vom Scheinwerfer S aus den Winkel misst, unter dem man den Lichtpunkt auf der Wolke sieht (Fig. 2), so ist die Wolken-höhe gleich dem Produkt aus der Entfernung des Theodolithen vom Scheinwerfer und dem Tangens des Höhenwinkels.

$$(H = E . \tan g\ i.)$$

Zuletzt soll noch eine einfachere Methode erwähnt werden, die Wolkenhöhe zu bestimmen, nämlich dadurch, dass man die Geschwindigkeit des Wolkenschattens, der über die Erdoberfläche hinwegfliegt, mit der scheinbaren Geschwindigkeit der Wolke selbst am Himmel vergleicht.

Die Geschwindigkeit des Wolkenschattens ist die gleiche wie die der Wolke selbst. Hat man in einer bestimmten Zeit (etwa 10 Sekunden) an der Erde die wirkliche Verschiebung von A Metern und zugleich am Himmel von α^0 gemessen, so

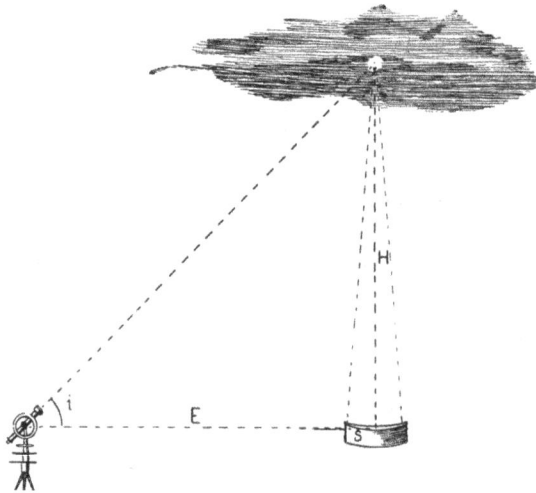

Fig. 2. Höhenmessung von Wolken mittels eines vertikalen Scheinwerfers.

kann man die Entfernung E näherungsweise berechnen aus der Formel

$$E = \frac{A}{\sin \alpha}.$$

Nun muss man noch schnell den Höhenwinkel h der Wolke messen, um wie oben das rechtwinklige Dreieck berechnen zu können. Da $H = E \sin h$ ist, wird

$$H = \frac{A \sin h}{\sin \alpha}.$$

Der Luftfahrer, welcher ein Interesse daran hat, die Höhe der Wolken kennen zu lernen, kann sich jedoch meist nicht auf die trigonometrischen Methoden einlassen und die übrigen kommen nur gelegentlich in Frage; so wird die Bestimmung mittels des Pilotballones für ihn immer die wichtigste bleiben.

3. Zugrichtung und Geschwindigkeit der Wolken.

Noch grösseres Interesse hat der Luftfahrer aber daran, die Zugrichtung und Geschwindigkeit der Wolken kennen zu lernen, um aus ihnen die Luftbewegung in grösseren Höhen zu erkennen. Dabei ist jedoch grundsätzlich vorauszubemerken, dass die Bewegung der Wolken an sich nicht immer mit der Bewegung der Luft identisch zu sein braucht. Man hat zweierlei Bewegungen der Wolken zu unterscheiden: zunächst und hauptsächlich zwar die Bewegung der ganzen Luftschicht, in der sich die Wolke befindet und von der sie mitgerissen wird; dann aber auch noch die Richtung der Ausbreitung der Wolkenbildung. Beispielsweise kann eine im schnellen Entstehen begriffene Wolke sich nach Osten hin ausbreiten, d. h. der Prozess der Wolkenbildung nach Osten hin fortschreiten, während die Luftschicht mit der ganzen Wolke sich nach Norden weiter bewegt. Dieser Fall ist gar nicht so selten. Will man also aus dem Wolkenzuge die Bewegung der Luft kennen lernen, so muss man ein einzelnes, ganz bestimmtes Wolkenteilchen, das sich von der Nachbarschaft scharf unterscheidet und nicht im schnellen Vergehen oder Entstehen begriffen ist, ins Auge fassen und seine relative Bewegung gegen eine Dachkante oder irgend einen anderen, in die Luft ragenden Gegenstand

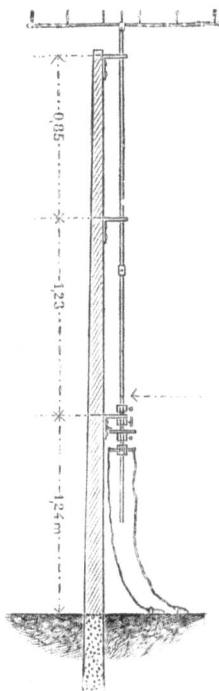

Fig. 3.
Wolkenrechen nach
A. de Quervain
(J. & A. Bosch Strassburg.)

(Bäume sind wegen der Bewegung der Zweige unzweckmässig) zu bestimmen suchen. Vielfach benutzt man dazu den sogenannten Wolkenrechen (s. Fig. 3). Das ist eine mit mehreren weit voneinander entfernt stehenden Zinken versehene Harke (oder Rechen), welche vertikal nach oben gestellt und so befestigt ist, dass man sie nach jeder beliebigen Himmelsrichtung einstellen kann. Man stellt sich nun darunter — wenn möglich an eine Stütze gelehnt — und bringt ein scharf definiertes Wolkenteilchen in Deckung mit irgend einer Zacke des Rechens, diesen stellt man dabei so ein, dass das Wolkenteilchen sich dem Rechen parallel weiter bewegt. Dann gibt die Stellung des Rechens die Himmelsrichtung an, in der die Wolke zieht, und die Geschwindigkeit, mit der sich das Wolkenteilchen von einem Zacken zum andern bewegt, ein relatives Maas der Wolkengeschwindigkeit. Will man hieraus die absolute Geschwindigkeit berechnen, so muss man die Entfernung des Wolkenrechens vom Auge des Beobachters h und die Wolkenhöhe H kennen. Ist der Abstand zweier Zacken des Rechens a Meter, so ist die wirkliche Bewegung der Wolke $\dfrac{H \cdot a}{h}$.

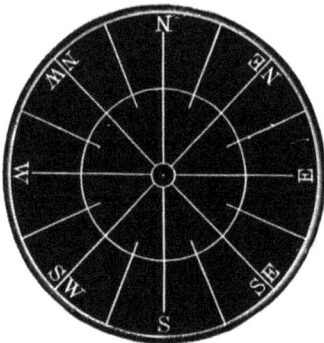

Fig. 4. Wolkenspiegel.
(R. Fuess Steglitz.)

Wenn man das durch die Anzahl der Sekunden dividiert, welche diese Weiterbewegung erfordert hat, bekommt man die Geschwindigkeit in m. p. s.

Ein anderes Instrument, das denselben Zwecken dient, ist der Wolkenspiegel (s. Fig. 4).

Er hat auf der einen Seite eine amalgamierte Spiegelfläche, auf der anderen Seite ein schwarzes Glas. In beide ist die Windrose eingezeichnet und ferner zwei konzentrische Ringe, von denen der eine dem Mittelpunkt ganz nahe, der andere nahe dem Rande liegt. Diesen Wolkenspiegel legt man auf einen Tisch, stützt den Kopf in beide Hände, sodass er einen festen Halt hat, und sucht im Spiegel ein Wolkenteilchen auf, das sich genau in der Mitte des Spiegels befindet. Sobald es den kleinen Ring passiert, zählt man die Sekunden, welche das Teilchen gebraucht, um zum äusseren Ring zu gelangen; gleichzeitig liest man die Himmelsrichtung der Bewegung auf dem Spiegel ab. Damit die Himmelsrichtung auf dem Spiegel, d. h. der Punkt, auf den zu sich die Wolke bewegt, gleichzeitig die Richtung angibt, aus welcher sie kommt, S muss man vor der Beobachtung den Spiegel so orientieren, dass nicht der Buchstabe N (Norden) nach Norden zeigt, sondern der Buchstabe S (Süden).

Um aus der Zeit, welche das Wolkenteilchen gebraucht hat, um die Strecke zwischen den beiden konzentrischen Kreisen a zu durchlaufen, die wirkliche Geschwindigkeit des Wolkenteilchens zu bekommen, muss man natürlich wieder die Höhe der Wolke kennen oder schätzen und gleichzeitig den senkrechten Abstand des Auges von der Spiegelfläche kennen. Nennt man den letzteren A und die Höhe der Wolke H, dann ist die Strecke, welche die Wolke in der beobachteten Zeit t wirklich zurückgelegt hat,

$$\frac{a \cdot H}{A} \quad \text{(a, A und H in Metern auszudrücken!)}.$$

Dividiert man diese Grösse durch die Zeit t, welche dazu gebraucht ist, so hat man die Geschwindigkeit der Wolke in m p. s. Beispiel: Das Auge eines Beobachters befinde sich 30 cm, also 0,30 m senkrecht über der Spiegeloberfläche. Wir schätzen die Höhe einer Wolke auf rund 4000 m, das beobachtete Wolkenteilchen durchläuft den Raum zwischen den beiden Kreisen, welche 2 cm Abstand haben, in 20 Sekunden, dann ergibt sich die Geschwindigkeit aus der Formel

$$0,02 \frac{4000}{0,30 \cdot 20} = 13.3 \text{ m p. s.}$$

Haben wir dabei die Höhe der Wolke um 1000 m falsch geschätzt, so würde das einen Fehler von 25° o ausmachen.

4. Bildung und Auflösung der Wolken.

Bei der Betrachtung und Besprechung von Wolken darf man nicht vergessen, dass eine Wolke nichts Bleibendes ist. Die durch Abkühlung der Luft oder andere Ursachen gebildeten Wassertröpfchen müssen ja allmählich aus der Luft herausfallen und dann, wenn sie in die tieferen, wärmeren Luftschichten kommen, teilweise wieder verdampfen. Die Fallbewegung der Teilchen ist zwar gering; die zunächst gebildeten Tröpfchen von 1/100 bis 1/0000 mm Dicke fallen blos wenige Zentimeter in der Sekunde, was aber immerhin genügen würde, um die Wolke verschwinden zu lassen, falls der Entstehungsprozess nicht immer wieder aufs neue stattfände. Eine Wolke ist also in stetem Entstehen und Vergehen begriffen; sie wächst, wenn mehr Teilchen entstehen als vergehen, sie löst sich auf, wenn die

Anzahl der herausfallenden oder verdunstenden Teilchen über-
wiegt. Das Schweben der Wolken erklärt sich sehr einfach
entweder damit, dass die langsam herabfallenden kleinen Wassertröpfchen durch einen aufsteigenden Luftstrom in der Höhe
gehalten werden, oder dadurch, dass in der Höhe immer aufs
neue Wolkentröpfchen entstehen, welche die unten herausfallenden ersetzen. Eine Wolke ist also kein beständiger Körper
sondern ein Prozess, der sich oft nur über einen Teil einer
Luftmasse erstreckt, und man darf sie daher nicht als Luftmasse
selbst auffassen, sondern nur als den durch Kondensation sichtbar gewordenen Teil einer Luftmasse.

Das tritt besonders zutage an Wolken, die sich aus lokalen
Ursachen bilden, z. B. an Berggipfeln (Schleier der Jungfrau,
Hut des Pilatus u. a.). Trotz des heftigsten Sturmes bleibt die
Wolke am Berggipfel hängen und man hat von weitem den
Eindruck, als ob es sich um ein vollkommen ruhig schwebendes
Gebilde handelt. Ebenso trifft der Freiballonfahrer bisweilen
auf Cumuluswolken, die über einer bestimmten Gegend sich
bilden und, sobald die Luft die Gegend passiert hat, wieder
vergehen. Der Freiballon, welcher mit der Luft mitfliegt, passiert
also in diesem Falle die Cumuluswolke.

Man kann alle Wolken einteilen in entstehende und ver-
gehende. Die Cumuluswolke, welche sich mit ihren runden
Formen scharf vom Himmel abhebt (Fig. 5 oben), die zusammenhängende Stratuswolke, welche in Tiefdruckgebieten die Tage so
trübe und dunkel macht, sind die typischen Wolken des Entstehungs-
prozesses. Wenn jedoch ein Cumulus zerflattert und ausgefranste
Formen zeigt (Fig. 5 unten), wenn die Stratusdecke an einzelnen
Punkten aufbricht und der blaue Himmel durchscheint, die Cirruswolke mit ihren streifigen, zerrissenen Formen, das alles sind
Zeichen der Auflösung.

Über die Zusammensetzung der Wolke ist noch nachzu-
tragen, dass sie entweder aus Wassertröpfchen oder aus Eiskristallen oder aus nichtkristallisierten Eisteilchen besteht; es
können auch zwei oder alle drei Formen gleichzeitig vertreten sein.
Von aussen kann man das nur unterscheiden, wenn durch ganz
dünne Wolkenschichten, die nur aus Kristallen bestehen, Sonne

oder Mond hindurch scheint. Dann sieht man nämlich um Sonne
oder Mond herum in einem Abstand von etwa 22° den Sonnen-

Aufnahme des Met.-Geoph. Institutes Frankfurt a. M.

Fig. 5. Ein Cumulus in der Bildung (oben) und im Abtrocknen (unten).

oder Mondring (Halo). Nur die Cirren, welche unter tiefen
Temperaturen in wasserarmen Luftschichten entstehen, haben
diese ganz bestimmten optischen Eigenschaften.

Eine kompakte Schneewolke, welche von der Sonne beleuchtet wird, zeigt wohl etwas stärkeren Glanz als die Wasserwolke; das ist aber aus der Ferne betrachtet auch der einzige Unterschied.

Die Farbe der Wolke ist immer weiss, wenn man ihre beleuchtete Seite sieht. Der unbeleuchtete Teil, besonders wenn die Wolke sehr dick ist, erscheint lichtlos, also schwarz, und um so dunkler, je dicker die Wolke ist.

Es muss noch hinzugefügt werden, dass Wolken und Nebel durch nichts voneinander unterschieden sind. Mit Nebel bezeichnet man die Wolke, wenn man sich darin befindet.

5. Die Cumulus-Wolke.

Die häufigste Wolkenform und auch die interessanteste, für den Luftfahrer wichtigste, ist die Cumuluswolke (Fig. 5 bis 9). Über ihre Entstehungsursachen sind wir auch am besten orientiert. Sie verdankt ihre Existenz der Erwärmung der erdnahen Luftmassen. Durch ungleichmässige Wirkung der Sonnenstrahlung entsteht hier und dort ein aufsteigender Luftstrom, welcher die darüber liegenden, horizontal verlaufenden Luftmassen durchbricht; besonders, wenn deren Horizontalbewegung gering ist. Dieser aufsteigende Luftstrom hat häufig eine Vertikalgeschwindigkeit von 3 bis 4 Metern in der Sekunde, in Gewittern und Böen kann sie jedoch weit stärker werden. Sobald die aufsteigende und sich dabei abkühlende Luft ihren Sättigungspunkt erreicht, was gewöhnlich überall in derselben Höhe vor sich geht, so wird der aufsteigende Luftstrom, soweit er über diese Kondensationsgrenze hinausragt, infolge der Wolkenbildung sichtbar. Die Haufenwolke ist also weiter nichts, als der oberste Teil eines aufsteigenden Luftstromes.

Bei genauer Beobachtung, besonders aus der Nähe bemerkt man, dass die Luftmasse in starker Bewegung ist, dass die einzelnen Wolkenteile nach oben quillen und sich immer aufs neue Wolkenköpfe bilden. Gerät ein Luftfahrzeug in eine Cumuluswolke hinein, so macht sich die Ungleichmässigkeit der Bewegung durch Schwanken bemerkbar, das bisweilen sehr unangenehm werden kann. Gleichzeitig bekommt das Fahrzeug

infolge des aufsteigenden Luftstromes einen starken Auftrieb.
Ein Ballon kühlt sich nun beim Eintritt in den Cumulus infolge der aufhörenden Sonnenstrahlung schnell ab und beginnt
zu fallen. Dieses Fallen soll man bei stürmischer Wolkenbildung
nicht eher parieren, ehe man nicht aus der Cumuluswolke wieder
herausgekommen ist. Da die Luft in der Höhe gewöhnlich
schneller fliesst als unten, so bleibt der fallende Ballon meist
hinter der Cumuluswolke zurück und kommt wieder heraus.
Will man Ballast sparen, so soll man versuchen, kleinere Cumuli
durch geringe Ballastopfer zu überspringen. Nur Ballone mit
viel Auftrieb können den Kampf mit einem stark entwickelten
Cumulus aufnehmen, d. h. durch ihn hindurch steigend den
oberen Wolkenrand erreichen. Ist das geglückt, dann erwärmt
die Sonnenstrahlung aufs neue den Ballon und zieht ihn weit
über das Cumulusniveau empor. Keineswegs darf man in einer
Cumuluswolke aber Ventil ziehen, wenn der aufwärts gerichtete
Luftstrom den Ballon anfangs mit empornimmt. Das Aufsteigen dauert niemals lange an und beim beginnenden Fallen
braucht man allen Auftrieb, um die dann häufig notwendige
Landung ohne Störung auszuführen.

Die Cumuluswolken bilden sich häufig in sommerlichen
Hochdruckgebieten gegen Mittag, erreichen ihre stärkste Entwickelung in den späten Nachmittagsstunden, um abends wieder
zu verschwinden. Wenn es am Morgen klar gewesen ist und
nicht ein allzustarker Fall des Barometers ein herannahendes
Tiefdruckgebiet ankündigt, kann man mit einiger Bestimmtheit
annehmen, dass eine normale Cumulusbildung sich bei Sonnenuntergang wieder vollkommen auflöst und die Nacht klar wird.

Es ist von Vorteil, schon am frühen Morgen zu wissen, ob
Cumulusbildung eintreten wird. Zu diesem Zwecke muss man
die Temperaturabnahme mit der Höhe kennen. Wenn bei
heiterem Wetter in einer Höhe zwischen 1000 und 3000 m eine
breitere Schicht mit verhältnismässig starker Temperaturabnahme herrscht (mehr als 0,6° pro 100 m), so ist mit der Möglichkeit der Cumulusbildung zu rechnen. Da, wo feuchtes
Terrain oder bewaldete Bergkuppen vorhanden sind, bilden sich
die kleinen weissen Wölkchen zuerst. Sie wachsen dann zu

grossen Haufen an und verbreiten sich über den ganzen Himmel. Der Luftfahrer muss nun darauf achten, ob diese Cumulus- bildung immer grössere Dimensionen annimmt, oder ob die ein- zelnen Haufenwolken nach einiger Zeit wieder Spuren des Ver- falls zeigen. Im ersteren Falle liegt die Gefahr der Gewitter- bildung vor, im letzteren Falle nicht. Figur 5 zeigt dieselbe Wolke bei der Bildung (oben) und einige Minuten später beim Verfall (unten).

Regen fällt aus den Cumuluswolken nur selten und stets erst dann, wenn eine Mächtigkeit von mehreren 1000 m erreicht ist. Die Erscheinung hat dann den Charakter der Böe, in stärkeren Fällen den des Gewitters angenommen und zieht mit kurzen, meist aber schweren Regenschauern über die Gegend hinweg. Dann ist jedoch immer schon ein Vorgang eingetreten, der von allerhöchstem Interesse ist, weil er bisher allen Erklärungs- versuchen ziemlich unzugänglich gewesen ist. Das ist die Bildung von Cumulus - Kappen und Gewittercirren. Die Cumulus- kappen (Fig. 6 u. 7) erscheinen über den höchsten Spitzen einer stark aufsteigenden Cumuluswolke als runde glänzende nach oben schwach gewölbte Wolkenscheiben, die sich in einem Abstand von 10 bis 50 m über der Cumuluskuppe in überraschend kurzer Zeit bilden. Während der Cumulus nun weiter wächst, verbleiben diese Wolkenschleier, in denen sich keinerlei Struktur erkennen lässt, in derselben Höhe, so dass die Cumuluswolke die Kappen durchbricht, welche nun wie eine Halskrause den aufsteigenden Cumulus umgeben. Häufig ist beobachtet, dass diese Bildung mehrere Male vor sich ging, so dass ein Cumulusturm zwei bis drei Halskrausen haben kann. Dr. A. Wegener verdanke ich die beifolgenden drei Bilder (Fig. 7), welche — von unten nach oben aufeinanderfolgend — einen solchen Vorgang veranschaulichen.

Die Erklärung dieses Vorganges lieferte wohl zuerst de Quervain: Durch den Anprall des aufsteigenden Luftstromes werden die ruhenden oberen Luftmassen ebenfalls etwas empor- gehoben. Wenn sich nun darin vorher schmale Schichten be- fanden, in denen die Luft dem Sättigungspunkte nahe lag. so kann der am meisten emporgehobene Teil dieser Luftschicht zur Kondensation gebracht werden.

Hiervon verschieden, wenn auch vielleicht nur graduell, sind die Gewitter-Cirren (Fig. 8). Sie schiessen in kurzer Zeit aus

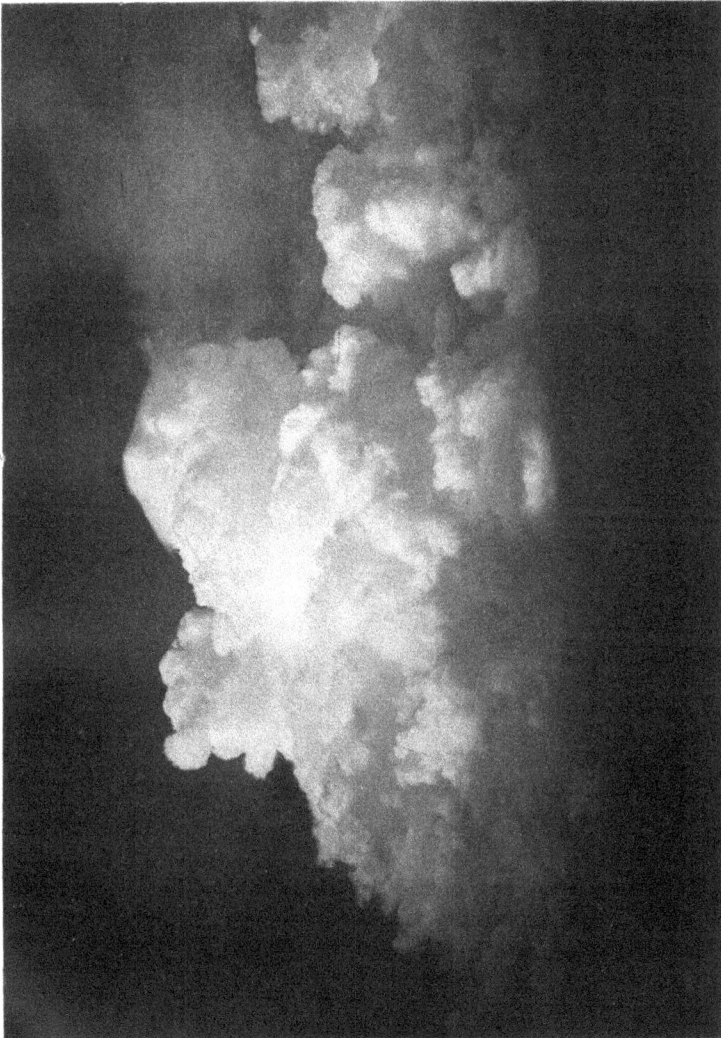

Aufnahme des Kgl. Preuss. Met.-Magn. Observatoriums Potsdam.

Fig. 6. Übergang, zum Gewittercumulus (Kappenbildung).

dem Gipfel des schnell angewachsenen Cumuluskopfes heraus und breiten sich nach allen Seiten ambossartig aus. Es sind

Aufnahme von Dr. A. Wegener, Marburg.

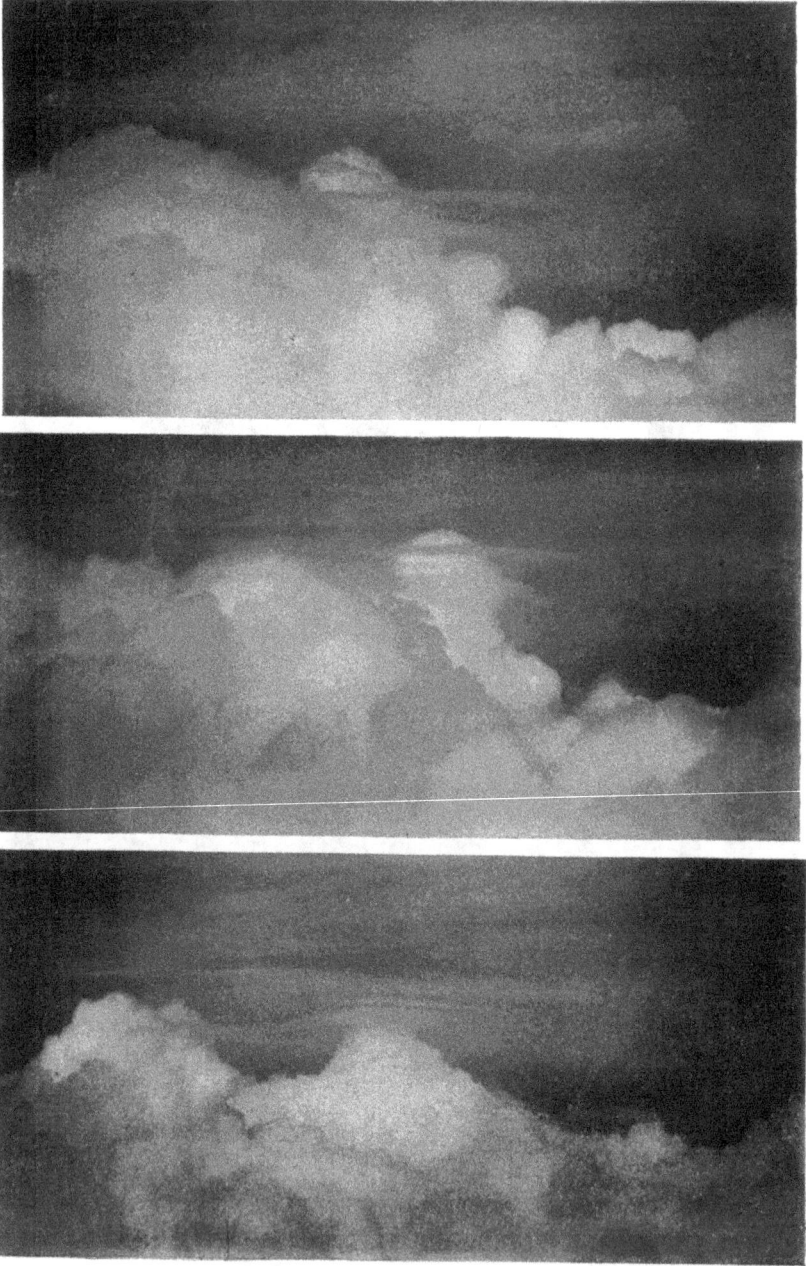

Fig. 7. Ein Cumulus wächst durch eine Cumuluskappe.

strukturlose Gebilde mit ausgefransten Rändern, die sich
deutlich von den ausgeprägten runden Cumulusformen unter-

Aufnahme des Kgl. Preuss. Met.·Magn. Observatoriums Potsdam.

Fig. 8. Gewittercirren über einem Cumulus.

scheiden. Sie bestehen ebenso wie die Cumuluskappen hauptsächlich aus Eiskristallen, meist jedoch gemischt mit Wasser-

tröpfchen. Diese Gewitter-Cirren, welche sich schirmartig über die Wolken ausbreiten, zeigen an verschiedenen Stellen ganz verschiedene Zugrichtungen und Geschwindigkeiten. A. de Quervain beobachtete an der einen Seite eines Cirrusschirmes eine Bewegung von 2 m p s, an der anderen eine solche von 14 m p s.

Diese Cirrusschirme, welche jeder Luftfahrer unbedingt kennen sollte, sind ein sicheres Anzeichen für die drohende Gewittergefahr, während die Kappenbildung ohne Cirrusschirme eine weniger ungünstige Prognose gestatten. Immerhin ist es geraten, bei dem Entstehen der Cumulus-Kappen äusserste Vorsicht und Aufmerksamkeit walten zu lassen. Wenn jedoch der aufstrebende Cumulus in etwa 4000 m Höhe sich nach allen Seiten auszubreiten beginnt, ohne Kappen oder Gewittercirren zu bilden, so ist das ein günstiges Anzeichen. (Cumulo-Stratus).

Eine besondere Art der Cumulus-Entwickelung, welche nachdem wir oben die Schirmbildung eingehend besprochen haben, leicht erklärlich ist, wollen wir nicht übergehen, weil sie äusserlich eine gewisse Ähnlichkeit mit den Cirrusschirmen hat. Das sind die pilzförmigen Cumulus Wolken. Wenn ein aufwärts gerichteter Luftstrom eine verhältnismässig warme und trockene Luftschicht durchdringt, welche weniger leicht zur Kondensation gebracht wird, so verengt sich an dieser Stelle die sich bildende Wolke, während sie nach Verlassen der trockenen Schicht sich wieder nach allen Seiten ausbreitet. Die Wolkenbildung des aufsteigenden Luftstromes gleicht einem Pilz, dessen Stiel durch die trockene Schicht gebildet wird. Wenn nun der aufsteigende Luftstrom von unten nachlässt, so verschwindet dieser Stiel schnell wieder, während die verbreiterte Pilzform darüber noch eine Zeit lang sichtbar bleibt. Man hat dann das merkwürdige Bild eines Hutes oder Schirmes, der über dem ursprünglichen Cumulus schwimmt, aber durch eine dazwischen liegende, wolkenfreie Luftschicht von ihm getrennt ist. Derartige Wolkenhüte zeigen also an, dass eine trockenere und wärmere Luftschicht (Stabilitätsschicht) von geringer Mächtigkeit sich zwischen beiden Wolken befindet. Luftfahrer können ihr Auftreten als günstig ansehen.

6. Stratus-Wolken.

In vielen Punkten entgegengesetzte Eigenschaften als der Cumulus zeigt die Stratuswolke. Während das Charakteristische in der Bildung des Cumulus die Ausdehnung in den Vertikalen

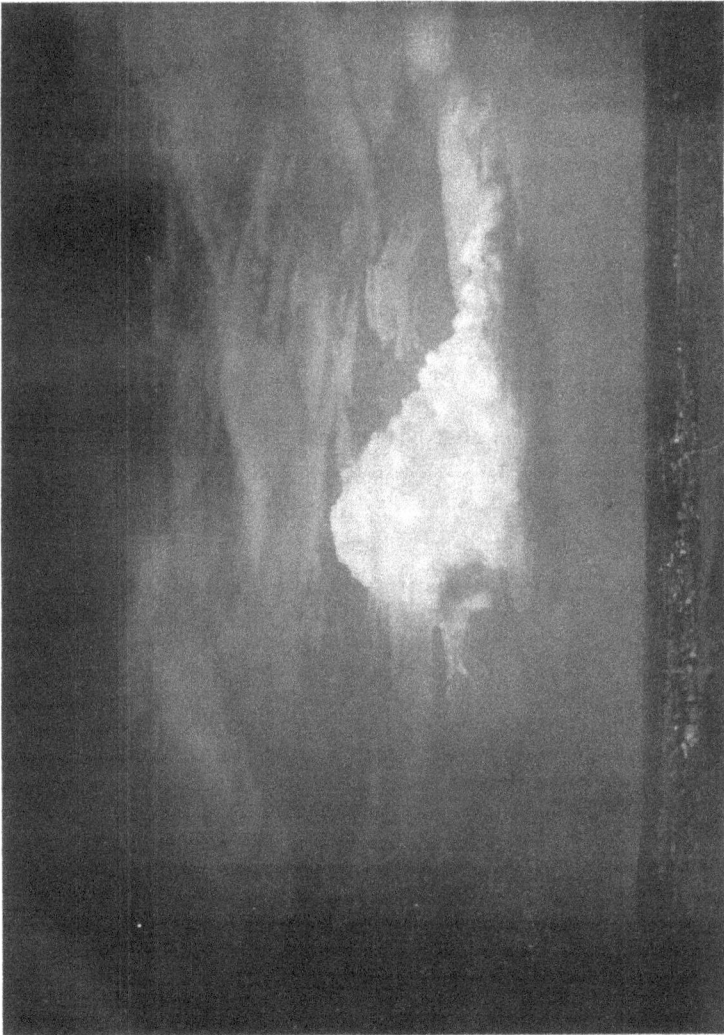

Aufnahme des Kgl. Met.-Magn. Observatoriums Potsdam.

Fig. 9. Cumulus und Stratus.

2*

ist infolge eines über einer begrenzten Gegend aufsteigenden Luftstromes, breitet sich die Stratuswolke überwiegend im horizontalen Sinne aus (Fig. 9, 10 u. 12). Sie bedeckt grosse Länderstrecken mit ihrer gleichmässigen grauen Bewölkung, obgleich sie häufig nur eine vertikale Erstreckung von wenigen Hundert Metern besitzt. Allerdings hat man auch häufig bei Ballonfahrten beobachtet, dass in zentralen Teilen eines barometrischen Tiefdruckgebietes der Stratus eine vertikale Mächtigkeit von mehr als 6 km hatte. In diesem Falle findet man allerdings häufig einige wolkenlose Schichten dazwischen liegen.

Die Entstehungsursache des Stratus muss nach dem eben Gesagten also für eine grössere Fläche zugleich gelten. Man kann deren drei annehmen:

1. Gleichmässiges langsames Aufsteigen einer ausgedehnten Luftmasse unter der Wirkung eines barometrischen Tiefdruckgebietes;

2. Abkühlung infolge Wärmeausstrahlung grösserer Luftmassen;

3. eine Ursache, welche ich bisher noch nicht ausgesprochen gefunden habe, deren Vorbedingungen jedoch sehr häufig gegeben zu sein scheinen, nämlich Diffusion des Wasserdampfes der erdnahen Schichten in die kalte Luft grösserer Höhen.

Zur Erklärung der letzteren Behauptung soll nur kurz darauf hingewiesen werden, dass der Wasserdampf in der Luft im allgemeinen nicht nach dem Dalton'schen Gesetz der Partialdrucke verteilt ist; denn wir finden, wie schon in Kapitel IV ausgeführt ist, dass der Wasserdampf in der Höhe schnell abnimmt, und zwar hauptsächlich deswegen, weil infolge der tieferen Temperaturen die Luft nicht mehr imstande ist, diejenigen Wasserdampfmengen in gasförmigem Zustande bei sich zu behalten, welche dem Dalton'schen Gesetze entsprechen (das wären in 5500 m noch etwa 4 mm, während bei der dort herrschenden Durchschnittstemperatur von zirka — 20° die maximale Dampfspannung nur 0,8 mm beträgt). Nun hat aber der Wasserdampf das Bestreben, in die wasserdampfärmeren höheren Schichten hinein zu diffundieren. Wenn also einige Tage hindurch nicht durch absteigende Luft oder Niederschlagsbildung dieses Diffusionsbestreben paralysiert ist, müssen sich die höheren Schichten mit Wasserdampf anreichern und allmählich Wolken bilden.

Die einfachste Entstehung der Stratuswolke können wir nachts über feuchten Flusstälern beobachten, nämlich die

Nebelbildung. Der Bodennebel ist also eine besondere Form der Stratuswolke. Häufig bezeichnet man die ganze Gattung des Stratus auch als „gehobenen Nebel". Doch trifft dies nur für den zweitgenannten Fall der Stratusbildung zu.

Aus den Entstehungsursachen erklärt es sich auch, weshalb die Stratuswolke hauptsächlich in der kälteren Tages- und Jahreszeit, also nachts und im Winter auftritt, während die Cumulusbildung in der wärmeren Tages- und Jahreszeit, also mittags und im Sommer am häufigsten ist. Ferner sieht man deshalb die Stratuswolken hauptsächlich in Tiefdruckgebieten, die Cumuluswolken hauptsächlich in Hochdruckgebieten vorkommen. In den frühen Morgenstunden trüber Tage reichen die Stratuswolken oft sehr tief herab, sodass sie die in 100 m Höhe fliegenden Aviatiker zur Landung zwingen, weil sie ihnen die Orientierung unmöglich machen. Solche Wolken haben aber häufig keine grosse Ausdehnung, sondern beschränken sich auf feuchte Gegenden. Der nach dem Kompass weiterfliegende Flugzeugführer kommt meist nach kurzer Zeit wieder in wolkenfreie Luft, wenn er nicht vorzieht die Nebelschwaden in wenigen hundert Metern Höhe zu überfliegen.

Eine charakteristische Eigenschaft jeder Stratusbewölkung ist die, dass sie durch eine darüber liegende wärmere Luftschicht, also eine Temperaturumkehr nach oben begrenzt ist. In den meisten Fällen wird diese Temperaturumkehrschicht zuerst vorhanden gewesen sein und der von unten fortschreitenden Stratusbildung eine obere Grenze setzen. Andererseits besteht aber auch die Möglichkeit, dass durch die starke Erwärmung der Luft durch Reflexion der Sonnenstrahlen an der oberen Wolkengrenze die Temperaturerhöhung erst sekundär erzeugt wird. Für den Luftfahrer folgt in jedem Falle daraus, dass die obere Grenze einer Stratusschicht zugleich eine ausgeprägte Stabilitätsschicht ist, was jedem Luftschiffer, der einmal durch eine geschlossene Wolkenschicht hindurch gefahren ist, sehr augenfällig in Erscheinung getreten sein muss. Überhaupt hat der Stratus dem Cumulus gegenüber für den Luftschiffer den Vorteil, dass er ihm nie gefährlich werden kann, sondern im allgemeinen günstige Eigenschaften hat.

Allerdings entzieht die geschlossene Stratuswolke, auch
wenn sie nur ganz dünn ist, dem Luftfahrer häufig den Anblick
der Erde und erschwert ihm die Orientierung. Das wird aber
teilweise dadurch wieder aufgehoben, dass man sehr häufig
durch das Aussehen einer geschlossenen Wolkendecke auf die
darunter liegende Konfiguration der Erdoberfläche schliessen
kann: Gebirge und Flüsse zeichnen sich unter gewissen Voraussetzungen mehr oder weniger deut-

Aufnahme von K. Freih. v. Bassus.

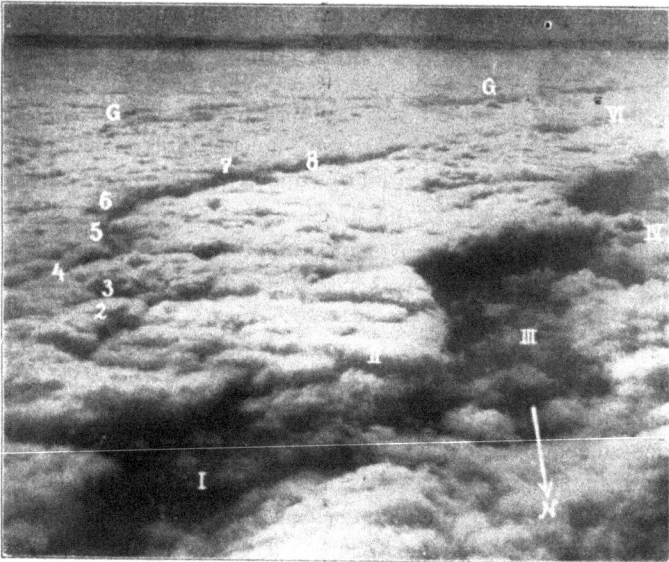

Fig. 10a. Abbildung von Flüssen in Stratusdecken.

lich in einer geschlossenen Wolkendecke ab (siehe
Fig. 10 a u. b).

Diese Voraussetzungen für das Zustandekommen dieser
Erscheinung sind folgende:

    1. Die Wolkendecke muss dünn sein (wenige hundert Meter),
    2. sie muss zugleich eine Stabilitätsschicht sein,
    3. die Windgeschwindigkeit an der Erdoberfläche bis zur
        Höhe der Stabilitätsschicht muss gering sein.

Dann sieht man, dass sich über Flüssen und kalten, feuchten
Sümpfen und Wiesen die Wolkendecke auflöst oder doch jedenfalls Vertiefungen zeigt, welche den Flussläufen parallel verlaufen. Man sieht ferner, dass häufig da, wo eine Bergkuppe
oder ein Gebirgsrücken vorhanden ist, die geschlossene Wolkendecke eine Erhöhung zeigt. Besonders bei langgestreckten, hohen
Gebirgszügen: Harz, Thüringer Wald, Taunus usw. sieht man,
wie auf der dem Winde zugekehrten Luvseite die Wolken etwas
empor gehoben sind, um hinter dem Gebirgskamme sich scharf
nach unten zu senken und
sehr häufig auch aufzu-
lösen. Auch wenn man
sich innerhalb der Stra-
tuswolke befindet, bemerkt
man, dass die Wolke auf
der Luvseite der Gebirge
dichter wird und zu Regen
neigt, während sie sich
auf der Leeseite wieder
auflöst.

Die Erklärung für
dieses Verhalten der Stratuswolke ist durchaus nicht
so schwierig, wie es häufig
dargestellt wird. Wir er-
innern an die Erklärung
für das Fallen des Ballons
über Flussläufen und Bin-
nenseen, wie es in Kapitel
III auf Seite 78 des ersten
Bandes besprochen ist.

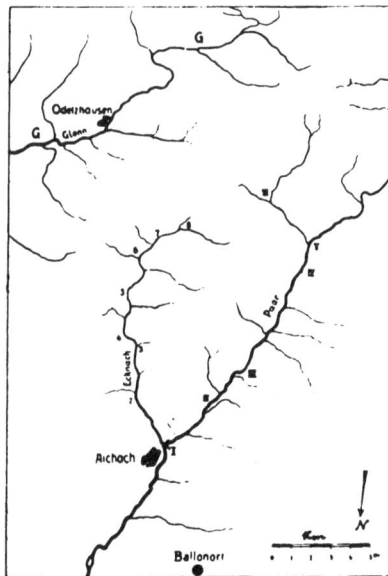

Fig. 10 b.
Orientierungskarte zu Fig. 10 a.

Es vereinigen sich meiner Ansicht nach 3 Ursachen zu einer
Wirkung: einesteils das Herabfliessen der Luft über den meist ein-
geschnittenen Gebirgstälern und auf der Rückseite von Gebirgen;
sodann die geringere Reibung der Luft über dem Wasser, welche
ebenfalls ein Herabströmen der langsamer zufliessenden Luft erfordert; und drittens die Abkühlung der Luft über dem feuchteren

Flusstal infolge der Verdunstung, wodurch ein engbegrenztes, baro-
metrisches Hochdruckgebiet mit dem typischen absteigenden Luftstrom gebildet wird. Das Charakteristische bei der Abbildung der
Flusstäler sind also die vorhandenen v e r t i k a l e n S t r ö m u n g e n
der Luft, die eine Auflösung oder Verstärkung der Bildung der
Wolken hervorrufen (s. Teil I, Seite 115 ff).

Es brauchen nicht notwendig alle drei Ursachen erfüllt zu sein;
eine kann fehlen. Bisweilen ist auch eine einzige Ursache so intensiv,
dass die Abbildung vor sich geht. Es spricht für die Richtigkeit der
obigen Erklärung, dass bisweilen beobachtet wurde, wie hinter Seen
und Flusstälern durch die nun wieder aufwärts steigende Luftschicht
vorübergehend Bewölkung entstand. Häufig entsteht aber auch keine
direkte Auflösung der Wolken, sondern nur eine Änderung in
der äusseren Struktur. Baron v o n B a s s u s, dem wir hauptsächlich das Studium dieser interessanten Erscheinungen verdanken, und andere haben in den „Illustrierten Aëronautischen
Mitteilungen" mehrfach Beispiele hierfür gebracht (s. Fig. 10). Und
viele andere Führer werden bestätigen können, dass sie durch aufmerksame Beobachtung der Oberfläche einer geschlossenen Stratusschicht die Orientierung behalten oder wieder gefunden haben.

Eng zusammen mit der besprochenen Erscheinung hängt
auch die Auflösung von geschlossenen Wolkenschichten, welche
nachts über grossen Städten eintritt. Die Stratusschichten
sind in diesem Falle als durch nächtliche Abkühlung einer
höheren Luftschicht entstanden anzusehen. Dadurch, dass nun
eine infolge der Heizungs- und Beleuchtungseinrichtungen um
mehrere Grad wärmere Grossstadt diese abgekühlte Wolkenschicht
von unten her durch Strahlung erwärmt, lösen sich bisweilen
die Wolken auf. Dann entsteht allerdings hinter der Stadt leicht
ein aufsteigender Luftstrom, welcher nach Wegfall der Wärmeausstrahlung eine um so intensivere Bewölkung verursacht.

Es soll aber nicht verschwiegen werden, dass durch diese
Wolkenlücken resp. Vertiefungen, welche durch Flusstäler und
Seen oder Sümpfe in den stabilen Wolkenschichten entstehen,
dem Luftfahrer, welcher ahnungslos auf der Stabilitätsschicht
schwimmt, Fallen gelegt sind. Die Stabilitätsschicht „bekommt
dort ein Loch", wie man sehr treffend sagt, weil der Ballon

ebenso wie die Luft durch den absteigenden Luftstrom einen Abtrieb erhält und dadurch aus der Stabilitätsschicht herausfällt. Ist er aber einmal herausgefallen, so bedarf es aus rein aerostatischen Gründen (Abkühlung durch Ventilation und Wegfall der Sonnenstrahlung) ziemlich starker Ballastopfer, um den Ballon wieder auf die alte Stabilitätsschicht zu bringen. Meistens durchschiesst er dann die Stabilitätsschicht und bekommt eine höhere Gleichgewichtslage, womit dann natürlich häufig die leichte Führung in der Stabilitätsschicht zu Ende ist. Man sollte daraus die Lehre ziehen, solche Löcher in den Wolkenschichten durch Ausgeben von etwas Ballast zu überspringen. Auch Flieger klagen bisweilen über „Löcher in der Luft", womit sie Stellen meinen, an denen die Luft schlecht trägt. Jedenfalls handelt es sich hier auch um lokale absteigende Luftströme, deren Entstehung dieselbe ist, wie sie soeben beschrieben wurde.

Zwischen den Stratusschichten und den Dunstschichten, von welchen gleich die Rede sein soll, besteht ein enger Zusammenhang. Oft sieht man, wie Stratuswolken sich dort bilden, wo vorher eine Dunstschicht war; bisweilen bleibt nach Auflösung einer Stratuswolke die Dunstschicht zurück. Wir werden gleich darüber noch Näheres hören.

7. Cirrus-Wolken,

Die grössten Rätsel hat den Meteorologen von jeher die Cirruswolke aufgegeben, und jede sichere Beobachtung verbunden mit Messung der Temperatur, Feuchtigkeit und der Windverhältnisse, welche durch einen Freiballon herabgebracht wird, bedeutet noch heute einen wertvollen Zuwachs unserer Kenntnisse. Überhaupt kann alles über Wolkenbildung Gesagte nur den Anspruch erheben, unsere bisherigen Ansichten wiederzugeben. Entgegenstehende Erfahrungen, welche Luftschiffer machen, sollten daher unbedingt in den Fachzeitschriften veröffentlicht und so der Forschung zugänglich gemacht werden.

Besonders wichtig sind Beobachtungen über Übergänge einer Wolkenform in eine andere, z. B. Cumulus in Alto-Cumulus, Cumulo-Nimbus in Cirrus usw.

Die Cirruswolke (Fig. 11) tritt in den mannigfachsten Erscheinungen auf, wie schon vorher erwähnt ist. Bisweilen wurde bei Ballonfahrten bemerkt, dass, während von unten keine Wolke sichtbar gewesen war und auch in der Umgebung keine eigentliche Wolke beobachtet wurde, rings um den Ballon herum Eisnadeln in der Luft schwebten und langsam herunterfielen, die erst dadurch erkannt wurden, dass sie im Sonnenschein glitzerten und unter dem Ballon ein Spiegelbild der Sonne mit Aureole erzeugten. Dieser Eisnadelfall ist vielleicht mit den zarten Cirrusfäden identisch, welche häufig wie ein langer Schweif von einem dichteren Cirruskopfe herunterzuhängen scheinen.

Über die Entstehung der verschiedenen Cirrusformen existieren einige Theorien, die hier und da wohl berechtigt sind. So glaubt man hauptsächlich, dass die Cirruswolke den Auflösungsvorgang vorstellt, und dass Cirren also die Überbleibsel von starken Cumulus- und anderen hohen Wolken sind. Man glaubt, dass die obersten Spitzen der Wolken in, aus dem Regengebiet herausführende, obere Luftströmungen gelangen und in diesen allmählich abtrocknen. Damit liesse sich auch erklären, dass die Cirruswolken häufig dem Regengebiet nach Osten vorausgehen und also Vorboten des Regens sind.

Eine andere Erklärung ist die, dass an der Oberfläche von hoch hinaufreichenden Cumuluswolken unter der starken Einstrahlung der Sonne eine Verdampfung eintritt, die erwärmte, feuchte Luft ins Aufsteigen gerät und nach allmählicher Abkühlung durch Ausstrahlung und infolge des Aufsteigens wieder von neuem Kondensation vor sich geht, und zwar bei den tiefen Temperaturen und der allmählichen Nebelbildung in Form von Eiskristallen. Dieser Vorgang spielt vielleicht auch bei der Bildung der schon vorher erwähnten Cirrusschirme eine Rolle.

Wie weit auch bei den Cirren die allmähliche Diffussion des Wasserdampfes in höhere Schichten die Entstehungsursache darstellt, entzieht sich bisher der Betrachtung. Die zahlreichen Formen machen es aber wahrscheinlich, dass es sich um noch weit mehr Möglichkeiten handelt. Jedenfalls sollte kein Mittel unversucht gelassen werden, um auch den kleinsten, scheinbar

Fig. 11. Doppelaufnahme mit dem Potsdamer Wolkenautomaten.

unbedeutensten Vorgang durch Beobachtungsprotokoll festzuhalten,
und — wenn irgend möglich — während und nach dem Ab-
stiege mit dem Aussehen der Cirren von der Erde aus zu vergleichen. Wir haben uns daran gewöhnt, die hohen Cirruswolken als Gebilde von nur horizontaler Ausdehnung zu betrachten und sehen sie nicht perspektivisch. Nur der Luftfahrer kann unterscheiden, in wieweit die einzelnen Formen
vertikal gerichtet sind.

Von den anderen Wolkenformen unterscheiden sich die Cirren
durch ihre Höhe, ihre durch die Wasserarmut höherer Schichten
bedingten zarten Formen und die intensivere Beleuchtung; hauptsächlich aber dadurch, dass sie aus Eiskristallen bestehen. Ein
fleissiger Beobachter der Cirren, Osthof, hat in der „Meteorologischen Zeitschrift" (1905) die Behauptung aufgestellt, dass
in den Zeiten grösster Sonnentätigkeit, welche sich in der Häufigkeit des Vorkommens von Sonnenflecken äussert, die Formen
der Cirruswolken sehr viel reicher und phantastischer sind als
in den Perioden minimaler Sonnenfleckenhäufigkeit. Im Sonnen-
flecken-Maximum treten die streifigen Formen sehr viel häufiger
auf als sonst. Es wäre interessant, wenn diese Abhängigkeit
atmosphärischer Vorgänge von ausserterrestrischen Ursachen sich
bewahrheitete.

Die Cirro-Stratus sind von den Alto-Stratus, denen sie
sehr ähnlich sehen, sehr verschieden, besonders durch das Niveau,
in dem sie entstehen. Der Alto-Stratus ist nahe verbunden mit
dem Alto-Cumulus und entsteht in dem 4000 m-Niveau, während
die Cirrusformen sehr viel höher schweben. Ein ähnlicher
Unterschied besteht zwischen den Cirrus-Kappen der Cumuluswolke, von denen oben die Rede war, und den eigentlichen
Gewitter-Cirren. Die ersteren entstehen im Alto-Stratus und
Alto-Cumulus-Niveau (4000 m), die letzteren in dem Niveau der
eigentlichen Cirren d. h. 5000 bis 8000 m.

8. Einige besondere Wolkenformen.

Roll-Cumulus. Bisweilen sieht man am sonst wenig
bewölkten Himmel eine einzelne grosse walzenförmige Cumuluswolke langsam vorüberziehen, welche durch ihre merk-

würdige Form dem aufmerksamen Beobachter auffallen muss. Durch eine eigenartige, feine Struktur, die sich besonders an den hellglänzenden Rändern bemerkbar macht, unterscheidet sie sich von den gewöhnlichen Cumulusformen deutlich. Häufig hat man auch Spuren einer Rotation beobachtet, als ob es sich wirklich um eine Luftwalze handelte, die um eine horizontale Achse rotiert und von der nur die obere Hälfte als Wolke in Erscheinung tritt. Demnach müsste der dynamische Cumulus an der einen Seite eine aufsteigende, an der anderen Seite eine abwärtsführende Luftströmung aufweisen; und das wird auch dadurch wahrscheinlich gemacht, dass man häufig beim Vorübergang eines derartigen Cumulus starke Windwechsel und sprungweise Änderung der Temperatur und Feuchtigkeit beobachtet hat. In diesem Falle würde der dynamische Cumulus für die Luftfahrt eine gewisse Gefahr bedeuten und es würde zu vermeiden sein, unter derartigen Wolken durchzufliegen; denn der Wechsel von auf- und absteigendem Luftstrom kann jedem Fahrzeuge gefährlich werden.

Aber wie gesagt, diese Tatsache, dass es sich wirklich um einen Vorgang in der Art handelt, wie er hier eben beschrieben wurde, steht durchaus nicht fest und es liegt im eigenen Interesse der Luftfahrer, durch gleichzeitige Beobachtung der vertikalen Luftströmung und der übrigen meteorologischen Elemente. vor allen Dingen aber durch objektive Beobachtungen aus grösseren Höhen diese Erscheinung aufzuklären.

Wogenwolken. Wenn sich unter einer relativ warmen Luftschicht Stratuswolken gebildet haben und die beiden Luftschichten, deren gemeinsame horizontale Grenze eine Stabilitätsschicht bildet, verschiedene Strömungsrichtung oder Geschwindigkeit haben, so bilden sich an der Trennungsfläche Luftwogen aus. welche den meisten Freiballonfahrern jedenfalls bekannt sind. Der Ballon befindet sich dann abwechselnd auf dem Rücken einer Wolkenwelle, von dem man nach beiden Seiten in tiefe Wolkentäler hinabsieht. Nach wenigen Minuten beginnt der Ballon wieder zu fallen, ohne dass das Vertikalanemometer die Spur einer Bewegung anzeigt, woraus hervorgeht, dass die Luft selbst dieses Fallen mitmacht. Unten im Wolkental angekommen, kann man bemerken, dass sich meist infolge des abwärts gerichteten Luftstromes die Wolken unter dem Beobachter vorübergehend auflösen, so dass man einen Blick nach der Erde tun kann. Dann aber steigt der Ballon wieder hinauf in seine frühere Höhe, und so geht es weiter unaufhörlich, geräusch- und gefahrlos, auf und ab, immer über den Wolken schwebend. Von unten präsentieren sich diese Wogenwolken als parallele Wolkenstreifen, die mit grösseren oder kleineren Zwischenräumen, bisweilen auch nur durch hellere Wolkenstreifen voneinander getrennt, bald sich in grosser Regelmässigkeit über den ganzen Himmel ausbreiten, bald aber nur schwach ausgebildet hier und da zu erkennen sind, während an anderen Teilen des Himmels sich ein anderes Streifensystem ausbildet (Fig. 12). Wenn zwei verschiedene Wellensysteme, die miteinander einen grösseren Winkel bilden, am Himmel vorhanden sind, vielleicht in verschieden hohen Schichten, so hat man das Bild der doppelt gewellten Wogenwolken, die wir als die oft sehr regelmässig aneinander gereihten „Schäfchen" kennen.

Man beobachtet die Wogenwolken in ganz verschiedenen Höhen. Bisweilen sind sie so tief, dass man die einzelnen Wellen kaum voneinander unterscheiden kann; dann aber sieht man auch in den höchsten Regionen der Cirren Wogenwolken sich bilden. Je nachdem aber die Schäfchen grob oder fein sind, kann man sie als tiefer- oder höherliegend ansprechen.

Die Theorie für diese Wogenwolken ist von dem berühmten Physiker Hermann von Helmholtz aufgestellt worden. Er zeigte, dass es eine Erscheinung ist, welche den Wasserwellen durchaus ähnelt. Auch die Wasserwellen kommen dadurch zustande, dass ein dünneres Medium, die Luft, über einem sehr viel dichterem Medium, dem Wasser, hinstreicht. Nur sind die Luftwellen entsprechend der viel geringeren Dichtigkeitsunterschiede auch sehr viel länger als die Wasserwellen. Die Entfernung zweier Wellenberge wurde bei den Potsdamer Wolkenmessungen zwischen 50 und 2000 m gefunden; im Mittel betrugen sie 200 bis 500 m. Da nun das Steigen und Fallen der Luft in den Wogenwolken jedesmal einige Minuten dauert, so kann man daraus schliessen, dass die Wellenbewegung abgesehen

von der horizontalen Geschwindigkeit der Luftmasse selbst mit
einer Geschwindigkeit von wenigen Metern in der Sekunde

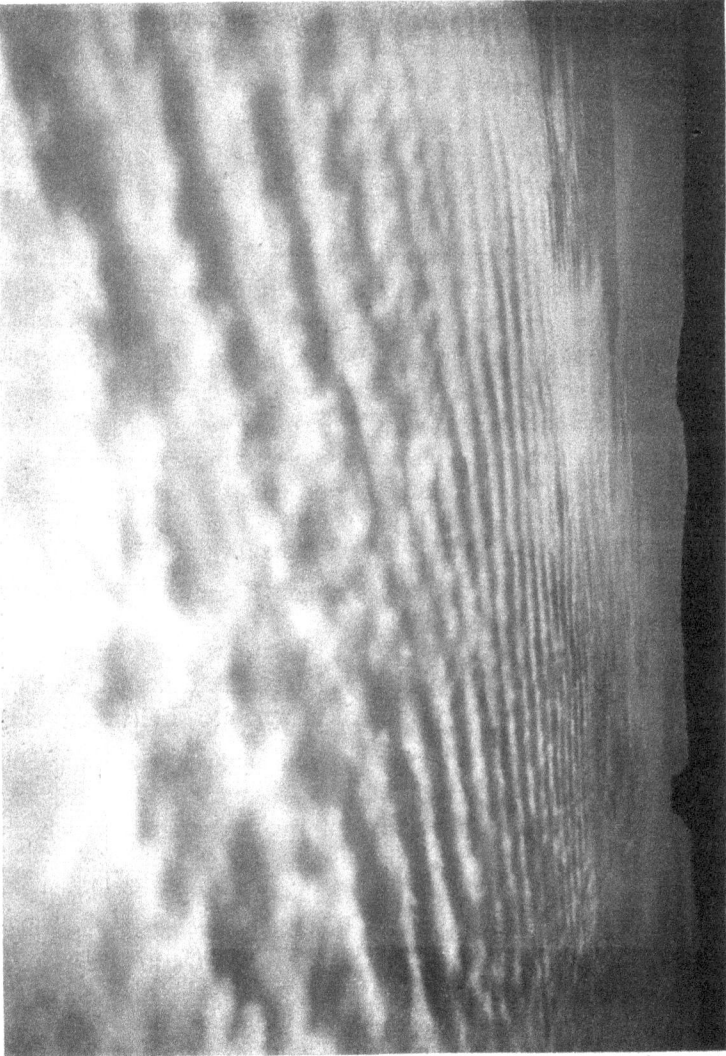

Aufnahme des Kgl. Preuss. Met.-Magn. Observatoriums Potsdam.

Fig. 12. Wogenwolken.

fortschreitet. Befindet sich nun ein Motorfahrzeug mit einer
gewissen Eigengeschwindigkeit in der wogenden Luftmasse, so

wird es, je nachdem, ob es mit oder gegen die Richtung der Wellenbewegung gesteuert wird, diese vertikalen Schwankungen langsam oder schneller mitmachen müssen. Da nun aber diese vertikalen Schwankungen für ein Motorfahrzeug durchaus störend sind, so muss man folgern, dass die Bewegung gegen die Luftwogen wegen des schnellen Wechsels der Vertikalbewegung bei weitem schwieriger ist, als wenn das Luftschiff sich in derselben Richtung bewegt wie die Luftwoge und infolgedessen in derselben Zeit eine geringere Anzahl der Auf- und Abbewegungen mitmachen muss.

Helmholtz und andere haben für die Länge der Luftwellen in ihrer Abhängigkeit von Temperaturdifferenz und Bewegungsunterschieden der beiden an einandergrenzenden Luftschichten Formeln aufgestellt. Professor E m d e n war einmal in der Lage, durch Temperatur- und Windmessung diese Formel nachzuprüfen. Er fand nämlich, dass die untere, bewegungslose Luft eine Temperatur von 2,7° hatte, hingegen in 400 m Höhe eine Luftströmung von 12,5 m p s und eine Temperatur von 9,2° herrschte. Die Luftwogen hatten eine Länge von 500 m (Entfernung von Wellenberg zu Wellenberg). Es wäre sehr erwünscht, wenn bei sich darbietender Gelegenheit ähnliche Messungen angestellt würden.

Da Wogenwolken sich nur bilden, wenn gewisse Vorbedingungen des Feuchtigkeitsgehaltes vorhanden sind, so kann man annehmen, dass das Vorkommen der Luftwogen ohne gleichzeitige Wolkenbildung sehr viel häufiger ist. Immer sind sie gebunden an eine Stabilitätsschicht, welche zwei Luftschichten von verschiedener Bewegung und Temperatur voneinander trennt. Von dieser ausgehend nimmt die Intensität der wellenförmigen Bewegung der Luft nach oben und nach unten hin allmählich ab. Doch kann man wohl annehmen, dass bis in grosse Höhen hinauf und am Erdboden selbst periodische Schwankungen der Luft hervorgerufen werden müssen. Am Erdboden ist vielfach auch Ähnliches beobachtet worden; z. B. beobachtet man am Barographen häufig ein unruhiges Auf- und Abschwanken des Luftdruckes vor Witterungsumschlägen, wahrscheinlich wenn in der Höhe schon eine neue Luftmasse herein-

gebrochen ist, welche sich keilförmig in den Luftkörper ein-
schiebt und allmählich bis zur Erde durchringt.

Das Studium dieser Erscheinungen scheint für die Fortschritte des Flugwesens von Bedeutung zu sein. Die Flieger
klagen häufig über unruhige Luft, ohne dass man eine äussere
Erklärung dafür finden kann. Vielleicht handelt es sich in
vielen dieser Fälle um derartige unsichtbare Luftwogen an
niedrigen Stabilitätsflächen.

Polarbanden. Besonderes Interesse haben stets die sog.
„Polarbanden" gefunden. Das sind schmale, parallele Wolkenstreifen von mehreren Hundert Kilometern Länge, welche über den
ganzen Himmel hinüberziehen und infolge der perspektivischen Ver-
kürzung der Zwischenräume den Anschein erwecken, als ob sie in
zwei einander gegenüber, aber unter dem Horizont gelegenen
Punkten zusammenstossen.

Nach der allgemeinen Ansicht handelt es sich um Luftwellen, deren Wellenberge sich durch Wolken bemerkbar machen.
Von den eigentlichen Wogenwolken unterscheiden sie sich meist
durch ihre grosse Höhe, da die Polarbanden oft aus Cirren
gebildet werden. Ferner hat es auch oft den Anschein, als ob
die einzelnen Wolkenbänder in einer Rotation um eine horizontale Achse begriffen sind, also dem vorher besprochenen dyna-
mischen Cumulus ähnlich sind.

Von einzelnen Beobachtern wird auf eine nahe Beziehung,
die aber vielleicht nur scheinbar ist, mit der Sonnenstrahlung
hingewiesen, und wirklich beobachtet man häufig, dass der
Pol, in welchen diese Polarbanden scheinbar zusammenlaufen,
der augenblickliche Standort der Sonne ist. Dieser Zusammenhang findet in einer statistisch nachgewiesenen Abhängigkeit
des Vorkommens der Polarbanden von den Sonnenflecken eine
Stütze. Es hat sich nämlich gezeigt, dass in den Perioden der
grössten Sonnenfleckenhäufigkeit auch die Polarbanden am häufigsten eintreffen; wie auch oben erwähnt ist, dass die Cirren
eine gewisse Abhängigkeit von den Sonnenflecken besitzen. Einige
Forscher vermuten sogar Beziehungen der Polarbanden zu ma-
gnetischen und elektrischen Erscheinungen, z. B. Nordlichtern.

Mammato-Cumulus. Eine Wolkenart, über welche wir
ebenfalls sehr wenig wissen, ist der Mammato-Cumulus. Wenn
man ihn kurz und für den Luftfahrer verständlich beschreiben
will, kann man sagen, dass er von unten ebenso aussieht wie
eine geschlossene Strato-Cumulusdecke von oben. Während in
letzterer nämlich die einzelnen Wolkenköpfe nach oben gewölbt
auftreten, besteht der Mammato-Cumulus scheinbar aus nach
unten heraushängenden runden Wolkenpartien. Er tritt fast
nur auf, wenn Gewitter vorüber oder nicht zum Ausbruch gekommen sind, der Himmel aber noch ein dunkles, drohendes
Aussehen hat. Dass er vom Ballon aus noch niemals beobachtet
ist, hängt vielleicht mit der Gewittergefahr zusammen, vielleicht
aber auch damit, dass es sich in Wirklichkeit gar nicht um herab-
hängende Wolkenpartien handelt, sondern um Schatten einzelner,
runder Cumuluswolken, die beim Nachlassen des aufsteigenden
Luftstromes, dem sie ihre Bildung verdanken, sich auflösen und
so die einzelnen Cumuluswolken zutage treten lassen. Von
der Seite gesehen erscheinen deren runde Konturen wie herab-
hängende Wolken.

A. Wegener betrachtet die Mammato-Cumulus als unvoll-
kommen ausgebildete Wogenwolken, deren Stabilitätsschicht sich
ausnahmsweise unter, nicht über der Wolkenschicht befindet.
Abercromby nimmt an, dass bei Aufhören der aufsteigenden
Luftbewegung die einzelnen Cumuli herabfallen und nun um-
gekehrte Cumuli bilden.

Jedenfalls handelt es sich um einen Auflösungsvorgang.
Ballonbeobachtungen sind in hohem Masse erwünscht, doch soll
man bei allen Wolkenbeobachtungen vom Ballon aus möglichst
versuchen, durch Befragen der Leute bei der Landung gleichzeitige Beobachtungen von der Erde aus zu erlangen oder selbst
schnell landen, um die gewonnene Erfahrung durch eigene Beobachtung zu bestätigen.

Cumulus castellatus. Zuletzt soll noch auf eine un-
scheinbare Wolkenform hingewiesen werden, welche sich einen Ruf
als Gewitterwarner erworben hat. An den klaren Vormittagen
gewitterreicher Tage hat man beobachtet, dass hier und da am
Himmel sich plötzlich kleine, nach oben spitz zulaufende Wölkchen

bilden, die schnell wieder verschwinden. Bisweilen schiessen sie scheinbar aus einer grösseren, ruhenden Wolkenmasse nach oben empor und sehen dann aus, wie Zinnen einer Burg. Sie werden daher Cumulus castellatus genannt (s. Fig. 14).

Man kann sich ihre Entstehung so erklären, dass in grossen Höhen sich eine labile Luftschicht mit starkem vertikalen

Aufnahme von A. de Quervain-Zürich.

Fig. 14. Cumulus castellatus.

Temperaturgefälle vorfindet, in welcher schon ein geringer An-stoss zur Wolkenbildung führen muss. So lange die Überhitzung der untersten Schicht noch nicht eingetreten ist, vergehen die schnell entstehenden Wolken wieder. Am Nachmittag jedoch bricht die Cumulusbildung durch bis in grosse Höhen und erzeugt ein Gewitter.

Kapitel VII.

Schichtungen der Luft.

1. Wesen und Bedeutung der Schichtenbildungen.

Schon in Kapitel I des ersten Bandes wurde auf die Einteilung der Atmosphäre in drei grosse Schichten hingewiesen, deren unterste, bis zu rund 11000 m reichende, die „Wolkenschicht" genannt wird[1]. Die wissenschaftlichen Luftfahrten haben nun gezeigt, dass in dieser untersten Schicht stets noch weitere ausgesprochene Schichtungen vorhanden sind, wenn sie auch an Regelmässigkeit und Intensität nicht mit jener sog. „grossen Inversion"[2] zu vergleichen sind, welche die durch Sonnenstrahlung an der Erdoberfläche hervorgerufene Luftzirkulation in rund 11 km Höhe gewissermassen „wie mit einem Deckel abschliesst" (um mit Prof. Süring zu sprechen).

Auf diese sekundären Schichtungen ist ebenfalls schon im Kapitel IV des ersten Bandes hingewiesen worden, als von der Temperaturabnahme mit der Höhe die Rede war. Wenn nämlich die gewöhnlich vorherrschende langsame Abnahme der Temperatur mit grösser werdender Höhe plötzlich aufhört, so dass die Temperatur entweder durch eine grosse Strecke hindurch dieselbe bleibt oder gar noch zunimmt, so sprechen wir von einer Temperaturumkehr oder Inversion. Es liegt hier also eine wärmere Luftmasse über einer kälteren, und das hat sowohl

---

[1] Mittlerweile hat Dr. A. Wegener es durch eine interessante Zusammenstellung alles dessen, was wir von den höchsten Luftschichten wissen und vermuten, wahrscheinlich gemacht, dass in 200 km noch eine vierte, oberste Schicht beginnt, welche aus einem Gase, leichter als Wasserstoff, von Wegener „Geocoronium" genannt, besteht.

[2] Diese „grosse Inversion" wurde 1902 von Teisserenc de Bort und Assmann gleichzeitig gefunden (nicht von Mr. Rotch, wie es im 1. Teil versehentlich hiess).

eine ganz besondere meteorologische wie aëronautische Bedeutung; meteorologisch insofern, als der durch Überhitzung der erdnahen Luft entstandenen aufsteigenden Luftströmung bei Erreichung der Temperaturumkehrschicht Einhalt geboten wird, weil ihr Auftrieb in der nun erreichten wärmeren und daher leichteren Schicht verringert oder gar vernichtet worden ist. Die aëronautische Bedeutung dieser Schichtungen beruht genau auf denselben physikalischen Grundgesetzen: Jeder Gasballon — gleichgültig ob Freiballon oder Motorluftschiff — verliert, wenn er beim Aufsteigen in diese wärmere und daher weniger tragfähige Schicht kommt, vorübergehend an Auftrieb, sein Steigen verlangsamt sich oder hört häufig ganz auf. Entsprechendes tritt aber auch ein, wenn ein Gasballon aus der höheren Schicht herabfällt und nun in die untere tragfähigere kommt. Luftschichtungen hemmen sowohl die vertikalen Luftströmungen wie die Vertikalbewegungen der Gasballone.

So ist also die Grenze zwischen einer höheren wärmeren und einer tieferen kälteren Luftschicht ein bevorzugter Aufenthaltsort für alle Gasballons. Sie „schwimmen" sehr leicht in dieser „Stabilitätsschicht", und es ist das Bestreben jedes Ballonfahrers eine solche Schicht aufzusuchen und sich in ihr möglichst lange Zeit aufzuhalten. Der Name „Stabilitätsschicht" ist aus Luftschifferkreisen hervorgegangen, weil man die praktische Bedeutung für die Führung, besonders der Freiballone schnell erkannte. Kommt es doch nicht selten vor, dass man viele Stunden lang ohne jeden Ballastwurf in solchen Zonen fahren kann, während sonst fortwährende Aufmerksamkeit notwendig ist. Es soll hier aber darauf aufmerksam gemacht werden, dass die „Stabilitätsschicht" nicht eine besondere Luftschicht ist, sondern der Übergang zwischen zwei Luftschichten. Sie hat also rein theoretisch gar keine vertikale Ausdehnung. Das ist bisher meist verkannt.

Andererseits geht aus dem Gesagten hervor, dass eine solche Stabilitätsschicht für die Vertikalbewegung der Luft beruhigend, gewissermassen wie eine Ölschicht wirken muss. Je mehr Inversionsschichten in der Atmosphäre vorhanden sind, um so grösser ist die vertikale Ruhe; fehlen sie ganz, so kann eine kleine Störung leicht grosse vertikale Bewegungen und damit Regen und Gewitter hervorrufen. Die beruhigende Wirkung der Schichtenbildung beschränkt sich aber nicht nur auf die Vertikalbewegungen, sondern auch die Horizontalgeschwindigkeit ist — infolge der Reibung der untersten Luftmassen an der Erdoberfläche — unter einer Schichtung stets merklich geringer als über ihr. Das macht sich im Freiballon dadurch bemerkbar, dass beim Durchstossen einer solchen Schicht, sich „Wind im Korbe" bemerkbar macht. Während der grosse Gasballon nämlich schon die Geschwindigkeit und Richtung der oberen Luftschicht angenommen hat, zieht er den darunter hängenden Korb noch durch die langsamer und oft auch in anderer Richtung treibende Luft hindurch, wobei die relative Bewegung als Wind in Erscheinung tritt.

Aus dem Gesagten geht hervor, dass bei steigendem Ballon die Änderung der Fahrt stets nach derjenigen Richtung erfolgt, woher man den Windzug im Korbe spürt. Bei fallendem Ballon ist das natürlich gerade entgegengesetzt.

Das Studium der Schichtenbildungen ist deshalb sowohl für Luftfahrer als auch für Meteorologen von allergrösstem Interesse, um so mehr, als wir darin bisher noch nicht weit vorgedrungen sind.

2. Neigung zur Schichtenbildung in den verschiedenen Höhen.

Hauptsächlich hat Professor Süring das Studium der Schichtenbildung eingehend betrieben, und er hat sowohl durch Betrachtung der meteorologischen Elemente als auch durch Bearbeitung der vielfachen Wolkenmessungen herausgefunden, dass in ganz bestimmten Höhen die Neigung zu Schichtenbildungen ganz besonders ausgeprägt ist, so in 500, 2000, 4300, 6500, 8300 und 9900 m Höhe. Diese Höhen stehen in engstem Zusammenhange mit den Wolkenschichten. Süring findet nämlich, dass folgende Höhen sich besonders durch Wolkenreichtum auszeichnen: 1600, 4400, 6800, 8800 und 10000 m. Wir wollen die einzelnen Schichten einmal durchgehen:

Vorweg wollen wir jedoch noch kurz daran erinnern, dass wir zwischen unteren, mittleren und hohen Wolkenschichten unterscheiden, wie im vorigen Kapitel näher ausgeführt worden ist. Es steht die Schichtenbildung in 500 und 2000 m Höhe mit den unteren Wolken, die in 4300 m Höhe mit den mittleren Wolken und die letzten mit den höheren Wolken in engstem Zusammenhange. Die unterste Schichtung wird hervorgerufen durch nächtliche Ausstrahlung, welche sich gewöhnlich bis in eine Höhe von wenigen 100 m erstreckt und infolgedessen dort eine Schichtung der Luft in oben erwähntem Sinne (unten kalt und oben warm) hervorruft. In dieser Gegend finden wir auch häufig die oberste Grenze der tiefsten Wolken, der Nebel- und Dunstschichten. Zwischen 1500 und 2000 m Höhe wird durch die tägliche Erwärmung des Erdbodens eine Schichtung hervorgerufen, insofern als deren Wirkung hier ihre Grenze findet. Die infolge der Überhitzung aufsteigenden Luftmassen kommen hier durch dynamische Abkühlung zur Wolkenbildung, der eine höhere, wärmere Luftschicht Einhalt gebietet. Während die erstgenannte Schicht in rund 500 m Höhe häufig nachts von Luftfahrern aufgesucht wird, wird die letztgenannte hauptsächlichst am Tage zu Dauerfahrten viel benutzt. Die tiefste Schichtung entsteht besonders an heiteren Tagen und begünstigt dann in der Nacht das bekannte Abflauen des Windes und Aufhören der vertikalen Luftströmungen in der Nähe des Erdbodens. Also gerade für die Flieger ist sie von grösster Wichtigkeit. Die Schichtung liegt um so tiefer und ist dann um so intensiver, je klarer die Luft und je schwächer der Wind ist. Besonders im Winter ist der Temperatursprung und die plötzliche Zunahme der Windgeschwindigkeit an der oberen Grenze oft auffallend stark.

Zwischen der zweiten und der nächsten in über 4000 m gelegenen Schicht befindet sich eine bemerkenswerte wolkenarme Luftschicht. Hier kommen die vertikalen Bewegungen der Luft gewöhnlich zur Ruhe, so dass man die Schichtung in 4300 m

Höhe als die äusserste Grenze der thermischen Vertikalströme annehmen kann. Je stärker diese Schichtung ausgebildet ist, um so mehr ist die Gewähr für heiteres Wetter gegeben. Für grosse Ballone, welche weite und langdauernde Fahrten unternehmen wollen, empfiehlt es sich diese Schicht aufzusuchen. Man wird sie mit grosser Regelmässigkeit vorfinden und infolge ihrer meist vorhandenen grossen Geschwindigkeit mit Vorteil benutzen können. In dieser Höhe halten sich die mittleren Wolken auf, Altostratus und Altocumulus.

Die drei letzten Schichtungen sind für Luftfahrer von geringem Interesse. Sie stehen mit den höheren Wolken, den Cirren in engem Zusammenhange. Im Gegensatz zu den unteren Schichtungen sind sie besonders bei Tiefdruckgebieten stark ausgebildet, deren gewaltige Wolkenmassen hier ihre obere Grenze finden. In Hochdruckgebieten findet man sie nur schwach, oft gar nicht ausgeprägt. Die letzte ist zugleich jene grosse Inversionsschicht, welche auf der ganzen Erde gefunden ist, und zwar in polaren Gegenden verhältnismässig niedrig, in 6 bis 7000 m, über dem Äquator jedoch in sehr grossen Höhen, 17 bis 19000 m Höhe. Ihre Höhe ändert sich periodisch, sie ist im Sommer am höchsten, im Winter am tiefsten; mit ihr schwankt auch die Höhe der höchsten Wolkenform.

3. Dunstschichten.

Schon im ersten Kapitel wurde darauf hingewiesen, dass in der Luft stets grössere oder kleinere Mengen von Staub und Rauch vorhanden sind, die in der Meteorologie und in der Luftschifffahrt mit „Dunst" bezeichnet werden.

Diese kleinen Partikelchen sind im wesentlichen irdischen Ursprungs; sie stammen von der Erdoberfläche, von der sie durch aufsteigende Luftströme bis zu grösseren Höhen emporgerissen werden. Sie sind meist Produkte der menschlichen Kultur insofern, als aus den Kaminen der grossen Fabriken und von den Grossstädten fortwährend Unsummen von feinkörniger

Materie in die Atmosphäre gebracht werden. Andererseits ist es aber auch beobachtet, dass durch ausserterrestrische Vorgänge feste Materie in staubförmigem Zustande in die Atmosphäre gelangen kann. Erst vor kurzem (Mai 1910) hat der Halley'sche Komet, wie mit Sicherheit nachgewiesen werden konnte, eine grosse Trübung in der Atmosphäre verursacht; auch durch Sternschnuppen kann dasselbe bewirkt werden. Besonders wird durch Vulkanausbrüche die Luft der weitesten Umgebung mit feiner Materie bereichert. Nach dem berühmten Ausbruche des Vulkans Krakatoa in den Sundainseln im Jahre 1883 hat man auf der ganzen Erde, so weit sie bewohnt ist, mehrere Jahre anhaltende Trübung beobachtet. Als letzte Quelle des atmosphärischen Dunstes sind noch die Wüstenstürme zu nennen. Bis in die nördlichsten Teile Europas hinein werden durch Luftströmungen, die in der Sahara ihren Ursprung haben, nicht nur atmosphärische Trübungen sondern sogar ein starker Niederschlag von Sand und Staub hervorgerufen, der, wenn er mit Regen vermischt auftritt, den sog. „Blutregen" erzeugt.

Schon aus den soeben aufgezählten Quellen des atmosphärischen Dunstes geht die Mannigfaltigkeit seiner chemischen Zusammensetzung hervor. Wir wollen daher hierauf nicht näher eingehen, sondern nur eine Eigenschaft feststellen, nämlich sein hygroskopisches Verhalten, d. h. die Fähigkeit, Wasser aus der Atmosphäre zu absorbieren. Das ist besonders der Fall, wenn er aus industriereichen Gegenden und grossen Städten stammt.

Nun sind natürlich diese einzelnen feinen Körnchen, deren Grösse man sich zwischen 1/10000 und 1/100 mm vorzustellen hat, an und für sich schwerer als die umgebende Luft und müssen daher relativ zur Luft in fortwährendem Fallen begriffen sein. Dieses Fallen geschieht aber so langsam, dass es gegen die Eigenbewegung der Luft gar nicht in Betracht kommt. Nur so ist es zu verstehen, dass z. B. der unendlich feine Staub des Krakatoaausbruches, welcher nachweislich noch bis in eine Höhe von 60 km hinauf gelangt war und dort noch die sog. „leuchtenden Nachtwolken" hervorgerufen hat, Jahre lang brauchte, um zur Erde herunterzufallen. Wenn hingegen der

Dunst aus dem viel gröberen Wüstensand besteht, so fällt er aus einer Höhe von höchstens 10 km in wenigen Tagen zur Erde herab. Nach den beiden angeführten Beispielen ergibt sich die Fallgeschwindigkeit im letzten Falle von etwa 5 cm in der Sekunde, im Falle des Krakatoa von etwa 1 mm in der Sekunde. Die Fallgeschwindigkeit ist um so grösser, je dünner die umgebende Luft ist und muss sich mit Annäherung an die Erde immer vermindern.

Nun gibt es aber, wie wir soeben gelernt haben, in unserer Atmosphäre „Schichtungen", welche darin bestehen, dass zwei Luftschichten übereinander gelagert sind, von denen die obere dünner und leichter ist als die untere; hauptsächlich deshalb, weil sie eine verhältnismässig höhere Temperatur hat. In diesem Falle muss sich an der Grenze der beiden Luftschichten der Dunst in grösserem Masse aufhalten, denn aus der darüberliegenden, oft viel leichteren Luft wird in einer gewissen Zeit mehr Dunst in die Grenzschicht hineinfallen, als nach unten in die dichtere Luftschicht wieder wegdiffundiert. Ebenso wie in einem Wasserbehälter, in welchen mehr Wasser in einer gewissen Zeit hineinfliesst als durch eine anderen Öffnung wieder hinausfliesst, sich das Wasser immer mehr ansammelt, so müssen auch die Grenzschichten zweier Luftströmungen besonders staubhaltig sein.

Dem Luftfahrer sind diese sog. „Dunstschichten" ja auch bekannt, wenngleich man die hier vermutete Ursache ihrer Entstehung bisher meines Wissens noch nicht erwähnt hat. So kommt es denn, dass man sehr häufig in der Luft, und zwar immer in den Höhen, in welchen sich sprunghafte Veränderungen der Temperatur, der Feuchtigkeit und der Bewegung vollziehen, Dunstschichten von sehr geringer vertikaler und grosser horizontaler Mächtigkeit trifft. Und das ist nicht nur in den Schichten der Fall, welche der Luftfahrer durchquert, sondern auch in grösseren Höhen, überall da, wo schroffe Übergänge aus einer Luftschicht in eine andere stattfinden, so in 10 km, 60 km und 200 km Höhe zeigt die Luft durch ein eigenartiges optisches Verhalten, Dämmerung, Zodiakallicht usw., dass der Staubgehalt hier besonders hoch ist.

Nun haben wir schon bei der Besprechung der Wirkung der Sonnenstrahlung gesehen, dass diese vom Staubgehalt nicht unabhängig ist. Der Staub absorbiert die von der Sonne herabgestrahlte Wärme und muss daher eine höhere Temperatur bekommen als die umgebende Luft. Umgekehrt muss er in der Nacht sich durch Ausstrahlung der Wärme unter die umgebende Lufttemperatur abkühlen. Nun müssen wir uns vorstellen, dass jedem dieser mikroskopischen Dunstpartikelchen einige Luftmoleküle anhaften, welche sich mit ihm tagsüber erwärmen und nachts abkühlen, so dass jedes Partikelchen mit der ihm benachbarten Luft zusammen gleichsam einen kleinen Gasballon bildet, der, wenn er wärmer als die umgebende Luft ist, aufsteigt, und wenn er kälter ist, herabsinkt. So müssen denn auch die Dunstmassen am Tage ins Steigen geraten, so dass die am Morgen noch scharf abgesetzte Dunstschicht sich unter der Wirkung der Sonnenstrahlen auflockert und in höhere Schichten verlagert; nachts hingegen gelangen die Dunstkörner in tiefere Schichten und häufen sich in einer dünnen Luftzone, nämlich den schon früher genannten Grenzzonen zweier Luftschichten an.

Dieses eigenartige Verhalten der Dunstschichten kann man bei Nachtfahrten sehr schön verfolgen. Dieselbe Dunstschicht, welche man am Abend in einer Höhe von beispielsweise 2000 m getroffen hat, kann man am anderen Morgen in etwa 1500 m wieder finden. Hat man hingegen am Morgen eine Dunstschicht in 1000 m Höhe passiert, so trifft man sie beim Absteigen mittags in etwa 1800 m Höhe wieder. Ferner kann man an heiteren Tagen beobachten, dass eine am Morgen noch scharf ausgeprägte Dunstschicht sich im Laufe einiger Stunden auflöst.

Infolge der geschilderten Verhältnisse des atmosphärischen Dunstes bildet er einesteils für den Luftfahrer ein äusseres Kennzeichen für das Vorhandensein einer Luftschichtung, die als Stabilitätszone in der praktischen Aëronautik eine ganz besondere Rolle spielt. Andererseits haben wir aber gesehen, wie diese Dunstmassen infolge der Wärmeein- und Ausstrahlung auf die meteorologischen Verhältnisse der Luft in bestimmter Weise einwirken können.

Eine andere meteorologische Eigenschaft des Dunstes ist die
Begünstigung der Wolkenbildung. Obgleich die
Feuchtigkeitsmessungen in den Dunstschichten immer einen geringen Feuchtigkeitsgrad angeben, haftet doch viel Wasser in
feinen Tröpfchen an den Dunstkörnern an, das in den Messungen
nicht zur Geltung kommt; der wirkliche Wassergehalt der
Dunstschichten ist also in Wirklichkeit grösser als es scheint.
Ferner ist schon erwähnt, dass zur Kondensation des Wasserdampfes feine Partikelchen in der Luft vorhanden sein müssen,
an denen sich die Tropfenelemente niederschlagen. Häufig beobachtet man daher, dass aus den unter der Wirkung der
Sonnenstrahlung tagsüber ins Aufsteigen geratenden Luftmassen,
in denen sich eine Dunstschicht mit reichlichem Wasservorrat
befindet, die ersten Wolkenköpfe herauswachsen, so dass man
eine Zeitlang sich nicht entscheiden kann, ob man es mit Dunst-
oder Wolkenmassen zu tun hat.

Besonders über grossen Städten, z. B. Berlin, findet man
diese Dunstwolken, welche der Erdoberfläche die Sonnenstrahlung grösstenteils entziehen und daher von hoher sani-
tärer Bedeutung sind. Die Dunstmassen der grossen
Städte steigen wie eine ungeheure Staubwolke, die vom
Wind weitergetrieben wird, auf, und man kann sie bei sonst
heiterer trockener Witterung mehrere Hundert Kilometer weit
verfolgen. Verfasser hat einmal in grosser Höhe auf einer Fahrt
mit frischem Südwinde von Frankfurt am Main kommend die
Dunstwolke gequert, welche unten mit Westwind von Hannover
ostwärts weggetrieben wurde. Auch hier bildeten sich an der
obersten Schicht des Dunstes stellenweise leichte Wolken. Dadurch, dass diese langgestreckte Dunstwolke durch die Sonnenstrahlung auf höhere Temperatur gebracht ist, als die Umgebung,
stellte sie eine schmale Furche tieferen Luftdruckes vor, in
welcher die Luft nach oben strömte, während sie an den beiden
Seiten herabsank. Unser Freiballon geriet also, bevor wir an
diese Dunstwolke herankamen ins Fallen, als wir darüber waren,
in ziemlich intensives Steigen, dem sofort ein Fallen folgte,
nachdem wir die Staubschicht durchquert hatten. Diese Beob-

achtung dürfte für die aeronautischen und meteorologischen Wirkungen des Dunstes nicht uninteressant sein.

Die über Grossstädten und bedeutenden Industriegebieten aufsteigenden Dunstmassen sind also etwas verschieden von jenen schmalen, horizontal abgelagerten Dunstschichten, von denen vorher die Rede war. Die letzteren sind gewissermassen erst das Umwandlungsprodukt der ersteren. Sie sind für die Luftschiffahrt auch wichtiger, und jeder Freiballonfahrer kennt jenen schmalen Streifen rings im Kreise am Horizont, welcher unter der Sonne blendend weiss, der Sonne gegenüber schwarz erscheint und dazwischen alle Nuancen des Grau durchläuft.

Kapitel VIII.

Wetterkunde und Wetterdienst.

1. Vorbemerkungen.

Die Wetterkunde ist eine praktische Anwendung der Meteorologie und zwar diejenige, welche den Stand der meteorologischen Elemente an der Erdoberfläche betrachtet, um daraus S c h l ü s s e a u f d i e z u e r w a r t e n d e n Ä n d e r u n g e n d e r W i t t e r u n g zu ziehen. Der Wetterdienst ist dann die Organisation, durch welche die Ergebnisse der Wetterkunde der Allgemeinheit schnell und sicher zugänglich gemacht werden sollen.

In den letzten Jahren hat sich in allen Kreisen der Luftschiffahrt die Überzeugung verbreitet, dass es von grösster Wichtigkeit ist, dass jeder, der sich im Luftsport betätigt, sich die Grundbegriffe der Wetterkunde zu eigen macht und ihre Hilfsmittel in der richtigen Weise anzuwenden versteht. In Deutschland ist es zur Gewohnheit geworden, dass der Wetterkundige bei allen luftschifferischen Veranstaltungen ein gewichtiges

Wort mitzureden hat. Es ist aber dringend notwendig, dass die Luftfahrer selbst sich mit der Kunst, Witterungserscheinungen zu deuten, vertraut machen, weil naturgemäss nicht stets ein meteorologischer Beirat vorhanden sein kann, und auch zum richtigen Verständnis seiner Ausführungen eine gewisse Vertrautheit mit dem Wetter notwendig ist.

Unter „Wetter" versteht man das Zusammenwirken von Temperatur, Feuchtigkeit, Niederschlag (in fester oder flüssiger Form), Wind und Bewölkung. Ausser den genannten kommt aber noch ein sehr wichtiges Element hinzu, welches berufen ist, den Zusammenhang der übrigen Elemente zu vermitteln; das ist der Luftdruck. Zwar sind auch die übrigen Elemente nicht ganz unabhängig voneinander, aber die Beziehungen dieser Elemente zueinander werden sehr viel klarer und übersichtlicher, wenn wir ihre Abhängigkeit von dem Luftdruck betrachten.

2. Die Hoch- und Tiefdruckgebiete.

Gegenden, in welchen der Luftdruck geringer ist als in der Nachbarschaft, sog. Tiefdruckgebiete, und auf der anderen Seite Gegenden, in der der Luftdruck am höchsten ist, Hochdruckgebiete, weisen typische Unterschiede im Verhalten der meteorologischen Elemente auf, wie sich aus folgender Tabelle ergibt:

Tiefdruckgebiet	Witterungselemente	Hochdruckgebiet
trüb	*Bewölkung*	heiter
feucht	*Niederschläge*	trocken
windig	*Wind*	ruhig
Sommer kühl	*Temperatur*	Sommer warm
Winter mild		Winter kalt

Zur Erklärung dieser kleinen Übersicht müssen wir an das Kapitel III. des ersten Teiles erinnern, in dem die Horizontal-

und Vertikalströmungen in Hoch- und Tiefdruckgebieten schematisch wiedergegeben sind. Die beiden nebenstehenden Figuren 15 u. 16 sollen das dort Gesagte wieder in Erinnerung bringen. Die Figur 15 gibt einen Querschnitt durch ein Tiefdruckgebiet und ein

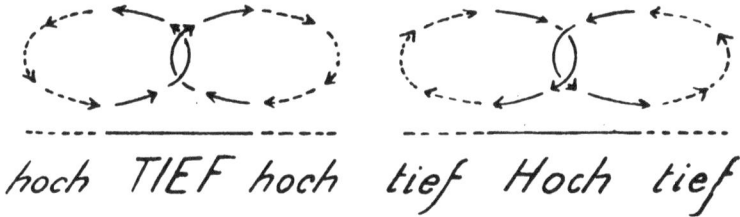

hoch *TIEF* hoch *tief Hoch tief*

Fig. 15. Vertikale Luftströmungen in Hoch und Tiefdruckgebieten.

Hochdruckgebiet. Man erkennt, dass im Tiefdruckgebiet die Luft im langsamen Aufsteigen begriffen ist, während sie im Hochdruckgebiet ebenso langsam herabsinkt. Aus der Figur 16 geht hervor, dass gleichzeitig mit den genannten vertikalen Schwankungen eine sehr viel stärkere horizontale Strömung vor sich geht, welche die Luft in einer gewissen Rotation um einen

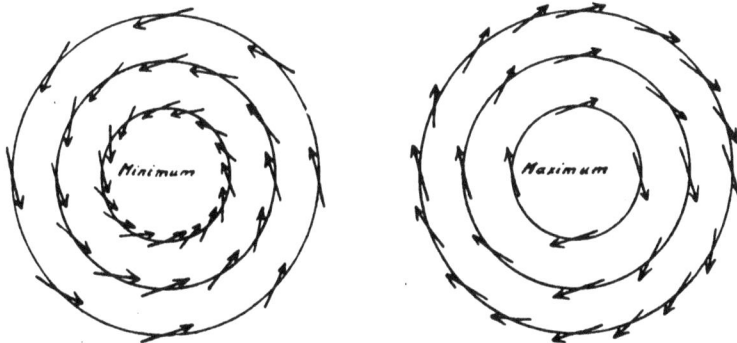

Fig. 16. Luftströmungen im Tiefdruckgebiet (Minimum) und im Hochdruckgebiet (Maximum).

Mittelpunkt erhält, und zwar geht beim Tiefdruckgebiet diese Rotation links herum oder, wie man auch sagt, entgegengesetzt dem Gange des Uhrzeigers; beim Hochdruckgebiet bewegt sich die Luft hingegen im Sinne des Uhrzeigers. Die Rotation der

Luft im Tiefdruckgebiet nennt man eine „zyklonale", das Tiefdruckgebiet selbst eine „Zyklone". Für das Hochdruckgebiet ist
entsprechend der Name „Antizyklone" im Gebrauch, und die
Bezeichnung „antizyklonal" für eine im Sinne des Uhrzeigers
vor sich gehende Rotationsbewegung.

Es soll hier nochmals daran erinnert werden, dass, wie schon früher ausgeführt, auf der südlichen Halbkugel die Rotation gerade im entgegengesetzten Sinne erfolgt, also linksherum in der Antizyklone und rechts-
herum in der Zyklone.

Nun ist beim Tiefdruckgebiet in den untersten Schichten
deutlich ein Einströmen der Luft in das Tiefdruckgebiet hinein
zu bemerken, während aus dem Hochdruckgebiet die Luft
während der Rotation nach aussen abfliesst. Dieses Ein- und
Ausströmen steht in vollem Einklange mit den Vertikalbewegungen:
Der aufsteigende Luftstrom des Tiefdruckgebietes harmoniert
mit dem Einströmen der Luft in das Innere der Zyklone während das Ausströmen der Luft eines Hochdruckgebietes ohne
einen Ersatz durch die herabsinkende Luft nicht zustande
kommen könnte.

Seitdem wir wissen, dass die Luft schichtenartig angeordnet ist und
dass die verschiedenen Schichten ohne Mischung übereinander herfliessen
können, müssen wir uns den Luftaustausch zwischen Tief- und Hochdruckgebiet so vorstellen, dass er gewissermassen abschnittweise vor sich geht.
Wahrscheinlich haben die einzelnen Luftschichten eine Schräglage, welche
dem Verhältnis der Horizontalbewegung zur Vertikalbewegung entspricht.
Nehmen wir die mittlere Horizontalgeschwindigkeit der Luft als rund 10 m
an und die Vertikalbewegung der Hoch- und Tiefdruckgebiete als höchstens
10 cm pro Sekunde, so wäre die Neigung der Schichten etwa 1 : 100. Wenn
also eine aus dem Tiefdruckgebiet in etwa 10 km Höhe austretende Luftmasse zur Erde herabsinken soll, so müsste sie dabei eine horizontale Entfernung von mindestens 1000 km zurücklegen. Das kann sehr wohl der
Wirklichkeit entsprechen. Immerhin ist dieser Luftaustausch zwischen
Hoch- und Tiefdruckgebieten bisher durch Beobachtungen noch nicht genügend
festgestellt worden. Die Wissenschaft bedarf dabei unbedingt der Unter-
stützung der Luftschiffahrt.

Da die Luft von allen Seiten nach dem Zentrum der
Zyklone zuströmt und aus dem Zentrum der Antizyklone nach
allen Seiten abfliesst, so kommen in diesen beiden Punkten
gewissermassen alle Windrichtungen gleichzeitig vor. Wenn

sich das in Wirklichkeit auch über eine grössere Fläche verteilt, so unterliegt doch die Windrichtung in der Mitte der beiden Windsysteme schnellem zeitlichen Wechsel (oft 180° in einer Stunde) und auch dicht nebeneinander liegende Orte können grosse Verschiedenheiten aufweisen. Hieran muss man denken, wenn etwa Zielfahrten veranstaltet werden sollen oder man aus anderen Gründen die genaue Windrichtung vorher wissen will. Je weiter man von den Zentren entfernt ist, um so konstanter ist der Wind.

Nun können wir hier noch ein anderes Gesetz ableiten, welches besonders für den Luftschiffer von Wichtigkeit ist: Wenn die Luft im Tiefdruckgebiet unten zufliesst und in der Höhe wieder abfliesst, so muss es dazwischen eine Zone geben, in welcher die Luft weder nach aussen noch nach innen strömt, sondern sich im Kreise um die Mitte herum bewegt. Das wird in der Tat bei Luftfahrten stets beobachtet. Diese Bewegungsrichtung der Luft in mittleren Höhen, gerade in denjenigen, welche für Luftschiffahrt hauptsächlich in Frage kommen, zwischen 500—3000 m hoch, prägt sich nun erfreulicherweise schon am Erdboden durch den Luftdruck aus. Wenn in dem oben behandelten Fall einer Zyklone der Luftdruck in der Mitte am tiefsten ist und nach allen Seiten höher wird, so bilden diejenigen Linien, welche die Punkte gleichen Luftdruckes miteinander verbinden, die Isobaren, annähernd konzentrische Kreise um den Mittelpunkt der Zyklone. Es ist daher eine der wichtigsten Regeln für die Luftfahrer die schon häufig benutzte: Die Luft in den mittleren Höhen fliesst in der Richtung der Isobaren und zwar so, dass der tiefste Luftdruck immer links bleibt. Wenn man also in der Gegend, in welcher eine Ballonfahrt stattfinden soll, den Verlauf der Isobare kennt, welcher natürlich nicht regelmässig kreisrund zu sein braucht, und wenn schnelle Änderungen der Wetterlage nicht zu erwarten sind, so kann man mit sehr grosser Gewissheit annehmen, dass man auf dieser Isobare entlang fährt und wie schon gesagt, immer so, dass der hohe Luftdruck rechter Hand und der tiefe Luftdruck linker Hand liegen bleibt.

Das Wichtigste bei den Hoch- und Tiefdruckgebieten sind die in ihnen auftretenden vertikalen Luftbewegungen. Alle weiteren Eigenschaften lassen sich aus ihnen leicht herleiten. Schon im V. Kapitel des ersten Teiles wurde auf S. 115 f. darauf hingewiesen, dass durch Emporsteigen von Luft die Wolkenbildung und die Niederschläge verursacht werden, während in absteigenden Luftströmen sich die Wolken auflösen. In Tiefdruckgebieten muss also Bewölkung, in Hochdruckgebieten heiterer Himmel herrschen.

Die Bewölkungsverhältnisse sind von ausschlaggebender Bedeutung für die Witterung, weil sie die Wärmestrahlung regeln. Wenn keine Wolken vorhanden sind, kann am Tage die Sonne ungehindert den Erdboden erwärmen, während in wolkenfreien Nächten der Erdboden die Wärme in den weiten Weltenraum hinausstrahlen kann.

Tritt Bewölkung ein, so wird tagsüber die Sonnenstrahlung aber auch nachts die Ausstrahlung vermindert. Bei heiterem Himmel ist es also tagsüber wärmer und nachts kälter als bei bedecktem Himmel, die Bewölkung vermindert die tägliche Temperaturschwankung. Wenn nun aber im hohen Sommer die Sonne täglich 14 bis 16 Stunden ihre Wärme auf die Erde herniedergestrahlt hat, während in der Nacht die Ausstrahlung nur 8 bis 10 Stunden wirksam sein konnte, so wird mehr Wärme eingestrahlt als ausstrahlen kann und die natürliche Folge ist, dass die Lufttemperatur an der Erdoberfläche stark erhöht wird. Daher sind wolkenlose Tage im Sommer heisser als trübe Tage, in denen Einstrahlung und Ausstrahlung nicht wirken konnten.

Im tiefen Winter dagegen können die schräg auffallenden Sonnenstrahlen nur 8 bis 10 Stunden ihre schwache Wirksamkeit entfalten, während in klaren Winternächten 14 bis 16 Stunden lang die Ausstrahlung der Wärme in den Weltenraum vor sich geht. Dann muss also die Temperatur an der Erdoberfläche sinken und Kälte eintreten. Heiteres Wetter hat also im Winter Frost zur Folge. Der Grad der Bewölkung hat also im Sommer und im Winter genau entgegengesetzte Wirkung.

So haben wir damit den letzten Punkt der auf S. 46 auf-
gestellten Tabelle über die Witterung in Hoch- und Tiefdruckgebieten erklärt.

Diese Tabelle soll aber nur zur Charakterisierung der Hoch-
und Tiefdruckgebiete im allgemeinen dienen und wir dürfen
keinesfalls annehmen, dass das Wetter rings um das Zentrum
der Zyklone und Antizyklone gleichmässig verteilt ist. Infolge
der Klimaeigentümlichkeiten Europas muss vielmehr eine Ver-
schiedenheit in der Verteilung der meteorologischen Verhältnisse nach Norden, Süden, Osten und Westen vom Zentrum aus
Platz greifen. Die Figur 17 zeigt die Windrichtungen auf den
verschiedenen Seiten der Hoch- und Tiefdruckgebiete. An der
Ostseite eines Tiefdruckgebietes strömt die Luft von Süden in

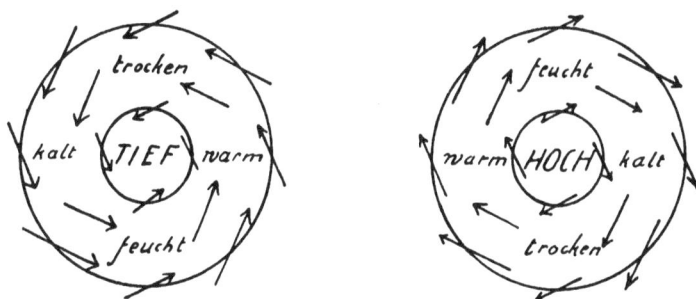

Fig. 17. Eigenschaften der 4 Quadranten der Hoch- und Tiefdruckgebiete.

das Innere hinein, während auf der Westseite nördliche Windrichtungen hervortreten. Die Südseite hat Westwind, die Nordseite Ostwind. Beim Hochdruckgebiet ist alles vertauscht. Je
nach Herkunft der Luft kann man aber die Eigentümlichkeit
der verschiedenen Windrichtungen kurz so präzisieren:
der Nordwind ist kalt, weil er aus den Polargegenden kommt,
der Südwind ist warm, weil er aus wärmeren Ländern kommt,
der Westwind ist feucht, weil er direkt vom Ozean herkommt,
der Ostwind ist trocken, weil er aus dem Innern des grossen
asiatischen-europäischen Kontinents stammt, wobei er seine
Feuchtigkeit verloren und wenig Gelegenheit gehabt hat, neue

4*

aufzunehmen. Die grössten Regenmengen fallen also an der Südseite einer Depression, während ihre Nordseite meist trocken ist. Alle diese Tatsachen sind in beifolgender Figur 17 zur Darstellung gebracht.

Nun ziehen die Tiefdruckgebiete infolge der allgemeinen Zirkulation der Atmosphäre fast stets von West nach Ost, so dass die Ostseite zugleich die V o r d e r s e i t e, die Westseite aber die R ü c k s e i t e ist. Diese weisen typische Unterschiede auf. Man kann nach M o h n folgendes Schema aufstellen:

Vorderseite:	Rückseite:
W i n d kommt aus südlichen Gegenden	kommt aus nördlichen Gegenden
T e m p e r a t u r steigend	fallend
F e u c h t i g k e i t zunehmend	abnehmend
B e w ö l k u n g gleichmässig zunehmend	wechselnd abnehmend
N i e d e r s c h l a g allmählich zunehmend	in Schauern abnehmend
B a r o m e t e r fallend	steigend

Der Unterschied zwischen Vorder- und Rückseite hat noch eine bestimmte luftschifferische Bedeutung. Während die Übergänge vom Hochdruckwetter zum Tiefdruckwetter in der Regel allmählich erfolgen und die Luft ganz gleichmässig in das Aufsteigen gerät, vollzieht sich an der Rückseite der abziehenden Depression der Übergang ruckweise. Die dort hereinbrechende, kalte nördliche Luft ruft — besonders im Frühjahr — lebhafte vertikale Wirbel hervor, welche in Form von Böen und wohl gar Gewittern auch schon am Erdboden zu erkennen sind. R ü c k s e i t e n w e t t e r   i s t   d a h e r   f ü r   d e n   L u f t f a h r e r g l e i c h b e d e u t e n d   m i t   u n r u h i g e r   L u f t, worauf man bei Aufstiegen zu achten hat.

Nun wollen wir überlegen, welche Witterungserscheinungen einander folgen, wenn eine Depression von Westen nach Osten über den Standpunkt eines Beobachters hinwegzieht und zwar, wie es in Deutschland gewöhnlich der Fall ist, dass das Zentrum nördlich von ihm bleibt: Die ersten Anzeichen für das Herannahen einer Depression sind die Cirruswolken, welche in hohen Schichten aus der Depression herauskommen und ihr nach Osten vorauseilen; sie machen sich nachts durch Mondringe, tags seltener durch Sonnenringe bemerkbar. Häufig ist die Luft auffallend durchsichtig, der Wind unbeständig, das Wetter im allgemeinen schwül.

Dann beginnt das Barometer allmählich zu fallen, ein frischer Wind, sich allmählich verstärkend, setzt aus Südosten oder Süden ein; er bringt auffallend warme Luft, besonders im Winter, mit sich. Die Wolken, welche zuerst in zarten Gebilden aufgetreten waren, verdichten sich schnell und eine gleichmässige Wolkendecke breitet sich über dem Himmel aus; das Barometer fällt schneller, der Wind wird stärker und dreht allmählich nach Südwesten und Westen herum und dabei setzt der Regen ein, der aus dunklen Wolken herabströmt.

Das Ganze dauert solange, bis das Zentrum nördlich vorübergegangen ist und das Barometer seinen tiefsten Stand erreicht hat; dann ist der Wind nach Westen oder Nordwesten herumgegangen und die Wolken lösen sich auf. Hier und da zeigt sich blauer Himmel, der Regen fällt nicht mehr ununterbrochen herunter, sondern nur noch in einzelnen Schauern, die mit Sonnenschein abwechseln. Die aufgetretenen Nordwestwinde kommen böig und ungleichmässig und bringen kältere Luft mit; Cirruswolken sind gar nicht mehr vorhanden, nur noch einzelne zerrissene Haufenwolken (Cumuli) ziehen über dem Himmel (siehe Fig. 18). Das ist die Rückseite der Zyklone; folgt ihr eine neue, so dreht ziemlich schnell und plötzlich der Wind nach Süden zurück; wieder erscheinen Cirruswolken und so wiederholt sich der ganze Vorgang.

Besonders zu beachten ist die Windrichtung beim Vorübergang einer Depression, welche zusammen mit dem Barometer am meisten geeignet ist, das Herannahen oder Abziehen der Tiefdruckgebiete erkennen zu lassen. Eine Drehung, wie wir sie eben besprochen haben, von Süden über Südwest nach West und Nordwest, also im Sinne der Drehung des Uhrzeigers, ist ein Zeichen für normalen Vorübergang eines Tiefdruckgebietes und zugleich ein Zeichen für Besserung der Witterung, während ein Zurückdrehen im entgegengesetzten Sinne des Uhrzeigers ein Beweis ist, dass eine neue Depression herankommt oder südlich von uns vorüberziehen wird.

Die Hochdruckgebiete treten selten in so typischer Form hervor, sie sind für unsere Gegenden mehr das passive Element

Fig. 18.
Aufbrechende Wolkendecke auf der Rückseite eines Tiefdruckgebietes.

Aufnahme von Frau M. Roessler, Frankfurt a. M.

und lassen sich meist von dem Aktionszentrum, der Zyklone, hin- und herschieben; nur in seltenen Fällen, nämlich wenn eine kräftige Luftströmung mit den Hochdruckgebieten verbunden ist, greifen sie entscheidend in die Witterung ein. Daher kann man sich bei Betrachtung der Witterung häufig auf die Tiefdruckgebiete beschränken.

Als oben die Regel aufgestellt war: „Der Freiballon bleibt immer auf der Isobare", musste die Bedingung daran geknüpft werden, dass die Tief- und Hochdruckgebiete ihre Lage nicht verändern. Bei kurzen Fahrten kann man das ja auch annehmen. Sobald aber längere Luftreisen beabsichtigt werden, verändert sich der Lauf der Isobaren und damit auch die Windrichtung; denn der Ballon fährt immer auf der jeweiligen Isobare und nicht etwa so, wie sie bei Beginn der Fahrt verlief. Will daher ein Freiballonführer die Fahrtrichtung vorher berechnen, so muss er die zu erwartenden Veränderungen des Wetterkartenbildes mit in Rechnung ziehen. In der Figur 19 sollen die stark ausgezogenen Kreise die Isobaren bei Beginn einer Fahrt sein, die gestrichelten bei ihrer Beendigung. Geht die Fahrt vom Punkt A aus, so würde man bei oberflächlicher Betrachtung auf nordöstliche Richtung schliessen, während infolge der Weiterbewegung der Depression die Fahrt nach Osten (A—A¹) führt. Der Ballon fährt zwar zunächst nach Nordosten ab, dreht dann aber stark rechts. Wenn umgekehrt die Fahrt im Punkt B begänne, also im Nordosten einer Zyklone, so würde sie zunächst

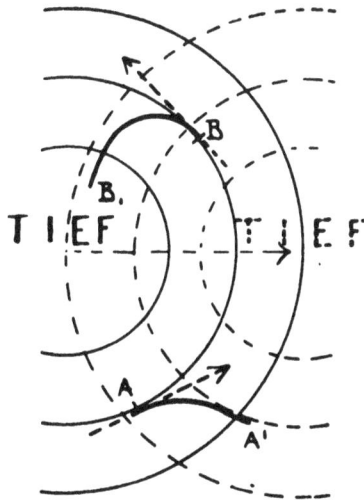

Fig. 19. Änderungen der Fahrtrichtung von Freiballons in schnellziehenden Tiefdruckgebieten.

nach Nordwest führen, um mit starker Linksdrehung im Südwesten (B—B₁) zu endigen. Allgemein kann man die Regel so ausdrücken: Befindet man sich auf der rechten Seite eines schnell ziehenden Tiefdruckgebietes, so hat man im Laufe der Zeit[1] Rechtsdrehung zu erwarten, auf der linken Seite Linksdrehung.

Vom rein meteorologischen Standpunkte ist die Betrachtung der Luftströmungen in den verschiedenen Quadranten der Hoch- und Tiefdruckgebiete,

[1] Man muss unterscheiden zwischen Rechtsdrehung mit der Höhe und Rechtsdrehung mit der Zeit!

die sog. „Trajektorien", das Interessanteste, worüber uns die Freiballon
fahrten Aufschluss geben können. Man sollte über jede D a u e r f a h r t, welche
möglichst in gleicher Höhe vor sich gegangen sein muss, mit genauer Zeit-
und Ortsangaben in den Fachzeitschriften berichten.

3. Die Wetterprognose.

Wenn soeben auseinandergesetzt wurde, wie die Witterung
in einer Gegend von der Luftdruckverteilung abhängig ist, so
darf daraus keineswegs gefolgert werden, dass bei ein und derselben Luftdruckverteilung unter allen Umständen genau die
gleiche Witterung eintreten müsse. Die Natur behält sich da
noch einen ziemlich weiten Spielraum vor, indem sie auch bei
verhältnismässig gleichen Wetterlagen doch noch häufig ganz
erhebliche Unterschiede entstehen lässt. Sind wir jedoch imstande, die bevorstehende Luftdruckänderung aus irgend welchen
Gesetze abzuleiten, so wird man mit sehr grosser Sicherheit
auch die Änderung der übrigen meteorologischen Elemente vor-
hersagen können. Die Frage, um die es sich immer wieder in
der praktischen Meteorologie dreht, lautet: Wohin wird das Tief
oder das Hoch sich bis morgen verlagern?

Es kann nicht die Aufgabe dieses Kapitels sein, die vielen
einzelnen Gesichtspunkte, an welche der Wetterdienstleiter bei
Beantwortung dieser Frage denken muss, hier ausführlich zu
behandeln. Theoretische Erwägungen über die thermodynamischen
Verhältnisse in der Atmosphäre und rein mechanische Grund-
gesetze über die Luftströmungen werden mit Erfahrungs-
tatsachen und statistischen Ergebnissen zusammen zu einer Ansicht verarbeitet und danach dann die Prognose aufgestellt.
Es ist bei einer solchen jungen Wissenschaft, wie es die praktische Meteorologie ist, erklärlich, dass der eine diese, der
andere jene Methoden bevorzugt oder verwirft, so dass eine
einheitliche Schule für die Wetterprognose noch nicht existiert.
Es sollen daher nur einige Regeln, welche allgemein anerkannt
sind und in den meisten Fällen zutreffen, hier zusammengestellt
werden:

1. Ein Tiefdruckgebiet lässt auf seinem Zuge das Hochdruckgebiet und die hohe Temperatur zu seiner Rechten liegen.

2. Die Hochdruckgebiete haben Neigung, sich dorthin zu wenden, wo die Temperatur im Fallen, die Tiefdruckgebiete dorthin, wo sie im Steigen begriffen ist. Diese Regel gilt besonders im Winter.

3. Folgt einem vorübergezogenen Tiefdruckgebiet ein anderes nach, so schlägt es dieselbe oder eine parallele Bahn ein. Diese Bahnen können aber auch allmählichen Drehungen nach rechts oder links unterworfen sein.

4. Teildepressionen bewegen sich in der allgemeinen Richtung der Isobaren, also zwischen Tief- und Hochdruckgebiet hindurch.

5. Im Sommer haben die Depressionen meist die Richtung von Südwest nach Nordost, im Winter kommen häufiger Zugrichtungen aus Nordwest nach Südost vor.

6. Die Tiefdruckgebiete ziehen senkrecht zur Richtung des stärksten Gradienten.

7. Ist in einer Gegend die Windstärke im Verhältnis zum Gradienten zu schwach, so wird dort der Luftdruck fallen; in Gegenden mit verhältnismässig starken Winden muss der Luftdruck steigen. (Guilbertsche Regel.) u. s. w.

Wie soll nun in der Praxis der Luftfahrer sich zur Wetterprognose verhalten? Soll er sich gänzlich auf die Wetterdienststelle verlassen oder sich seine Wetterprognose jedesmal selbst stellen? — Da scheint mir folgender Rat am richtigsten zu sein: Die allgemeine Prognose über den Weiterverlauf der Witterung, die Verlagerung und Veränderung der Tief- und Hochdruckgebiete möge der Luftfahrer allein dem Meteorologen von Fach überlassen und die in den Wetterkarten als voraussichtlich angegebene Veränderung der Wetterlage als richtig annehmen, solange er nicht durch das Verhalten der Witterungselemente Beweise vom Gegenteil erhalten hat. Wenn aber z. B. von einer im Westen liegenden Depression in der Prognose angenommen wird, dass sie nach Norden abziehen würde, es zeigen sich jedoch im Laufe desselben Tage noch deutliche Anzeichen dafür, dass diese Depression herannaht (Cirruswolken, Fallen des Barometers, Winddrehung usw.), so ist natürlich den weiteren Erwägungen des Luftfahrers die dadurch erkannte Tatsache als richtig zugrundezulegen. Im allgemeinen aber möge man der amtlichen Prognose volles Vertrauen schenken.

Auf Grund dieser Prognose über die allgemeine Veränderung der Wetterlage d. h. die gegenseitige Lage der barometrischen Hoch- und Tiefdruckgebiete soll nun der Luftfahrer sich seine Spezialprognose aufstellen, er soll also selbst die Richtung, in welcher in den verschiedenen Höhenlagen die Luft fliessen wird, vorausberechnen und ebenfalls die zu erwartenden Geschwindigkeiten. Er soll sich selbst ein Urteil darüber bilden, ob starke vertikale Luftschwankungen zu erwarten sind oder nicht. Gerade auf diese beiden Punkte, welche für den Luftfahrer bei weitem die wichtigsten sind, wird nämlich in der Prognose des öffentlichen Wetterdienstes am wenigsten Gewicht gelegt, weil die Luftbewegungen — abgesehen von der Schiffahrt — für die übrige Bevölkerung von geringem Interesse sind, und die Wetterdienstleiter hauptsächlich auf die Niederschlag- und Temperaturverhältnisse ihr Augenmerk richten müssen. Diese beiden meteorologischen Elemente sind jedoch gerade für den Luftfahrer von geringer Bedeutung.

Um aber die Befähigung für eine solche aeronautische Spezialprognose erlangt zu haben, bedarf es einer gewissen Übung. Man muss möglichst häufig die Wetterkarte betrachten, um durch Vergleichung des Kartenbildes mit dem augenblicklichen Wetter und den eintretenden Veränderungen ein gewisses Gefühl für den Zusammenhang zu bekommen. Auf diese Wetterkarte soll nun im folgenden noch näher eingegangen werden.

4. Die Wetterkarte.

Die Wetterkarte hat den Zweck, eine schnelle Übersicht über die Wetterlage in einem bestimmten Augenblick zu geben und Schlüsse auf die zu erwartenden Veränderungen zu erleichtern.

Es sind hier die Werte der meteorologischen Elemente, wie sie um 8 Uhr vormittags beobachtet werden, in Form von Zeichen, Zahlen und Kurven eingetragen. Jede Station ist durch einen Kreis bezeichnet, welcher je nach dem Masse der Bewölkung weiss bleibt oder $^1/_4$, $^1/_2$, $^3/_4$ oder ganz ausgefüllt wird. Es bedeutet:

○ Der Himmel ist wolkenlos (oder klar).

◑ Der Himmel ist zu einem Viertel bedeckt oder heiter.

◐ Der Himmel ist halb bedeckt.

◑ Der Himmel ist zu drei Vierteln bedeckt oder wolkig.

● Der Himmel ist ganz bedeckt.

Wenn während der Beobachtung N i e d e r s c h l ä g e fallen, oder besondere Himmelserscheinungen sichtbar sind, so wird auch das durch ein entsprechendes Zeichen angedeutet. Es bedeutet:

● Regen, ✳ Schnee, ∞ Dunst, ≡ Nebel, ↶ Gewitter.

Die T e m p e r a t u r wird in Celsius-Graden daneben geschrieben. Vielfach wird auch der in den letzten 24 Stunden gefallene N i e d e r s c h l a g durch eine neben dem Stationskreis stehende kleinere und unterstrichene Zahl angegeben und zwar in Litern pro qm, oder was dasselbe sagen will, in mm Regenhöhe. Ist der Niederschlag in Form von Schnee gefallen, so wird der Schnee getaut und die Zahl deutet an, wie hoch die entsprechende Regenhöhe gewesen wäre.

Der W i n d wird in Form von Pfeilen, die mit den Winden fliegen und deren Spitze in der Station selbst liegt, ausgedrückt. Die Richtung, aus welcher der Pfeil auf die Station zufliegt, ist die Windrichtung z. B. ↗ Nord ↗ Südsüdwest. Herrscht Windstille so wird ein konzentrischer Kreis um den Stationskreis herumgezeichnet ◉. Die Stärke des Windes wird durch Federn am Windpfeil angedeutet. Ein kleiner Strich bedeutet Windstärke I der Beaufortskala, ein längerer Strich Windstärke II, zwei lange Striche Windstärke IV usw. bis Windstärke IX. Das ist die grösste Windstärke, welche in die Wetterkarte aufgenommen wird.

Der L u f t d r u c k, von dessen Verteilung — wie wir gesehen haben — das Wetter hauptsächlich abhängt, wird nicht in Form von Zahlen oder Zeichen sondern durch Linien gleichen Luftdruckes, die sog. Isobaren, dargestellt, siehe Teil I S. 40.

Auf den Wetterkarten sieht man häufig, dass die Isobaren an einigen Stellen kleinere oder grössere Ausbuchtungen und Unregelmässigkeiten zeigen, welche gewöhnlich mit t i e f (in kleinen Buchstaben) oder einfach mit T bezeichnet sind. Das sind sekundäre Tiefdruckgebiete, „T e i l t i e f s“, welche sich zwischen Hoch- und Tiefdruckgebieten, am Rande der Haupttiefs bilden und daher auch „Randtiefs“ genannt werden. Diese Gebilde sind sehr wichtig, besonders für die Luftfahrt, weil sie stets mit Regenschauern und Windsprüngen, oft auch mit Böen und sogar Gewittern verknüpft sind. Sie bewegen sich immer mit der allgemeinen Windrichtung, also links um die Haupttiefs herum oder rechts herum um die Hochdruckgebiete.

Die Wetterkarte wird dem Anfänger vielleicht zunächst Schwierigkeiten machen. Hat man sich aber einmal die Zeichen gemerkt und in das Wesen der Isobaren hineingedacht, so gehört nur noch etwas Übung dazu, um sie mit Nutzen verwenden zu können.

Einige kleine Hinweise werden für das erste Studium von Nutzen sein:

Zunächst sucht man die Hoch- und Tiefdruckgebiete auf, welche die Wetterlage der betreffenden Gegend beherrschen und bestimmt die Richtung der längs der Isobaren erfolgenden allgemeinen Luftströmung in grösseren Höhen (diese erfolgt so, dass das Tief links, das Hoch rechts liegen bleibt). Mit dieser oberen Windrichtung vergleicht man die auf der Wetterkarte eingetragene Windrichtung an der Erdoberfläche und ersieht schon daraus, ob Rechtsdrehung oder Linksdrehung beim Aufstieg zu erwarten ist.

Dann achtet man darauf, wie nahe die im Abstand von 5 zu 5 mm gezogenen Isobaren einander liegen. Sind sehr viele auf der Wetterkarte, so ist starker Wind zu erwarten; sind es aber auffallend wenig, nur zwei oder drei, so ist der Wind schwach und dann sehr unregelmässig und besonders am Erdboden ganz abhängig von Berg und Tal und Flussläufen.

Drittens sehe man sich den Verlauf der Isobaren an. Sind sie glatt und einander gut parallel, ohne Einbuchtungen und Unregelmässigkeiten, so ist ruhige und gleichmässige Luftströmung zu erwarten. Ist der Verlauf aber gewunden mit scharfen

Knicken und unregelmässigen Bögen, so bedeutet das Böengefahr, bei bestimmten Bedingungen sogar Gewitter.

Wir wollen nunmehr zum Studium der Wetterkarte verschiedene Beispiele von Wetterlagen durchsprechen und dabei
überlegen, welche Schlüsse der Luftfahrer daraus hätte ziehen
müssen.

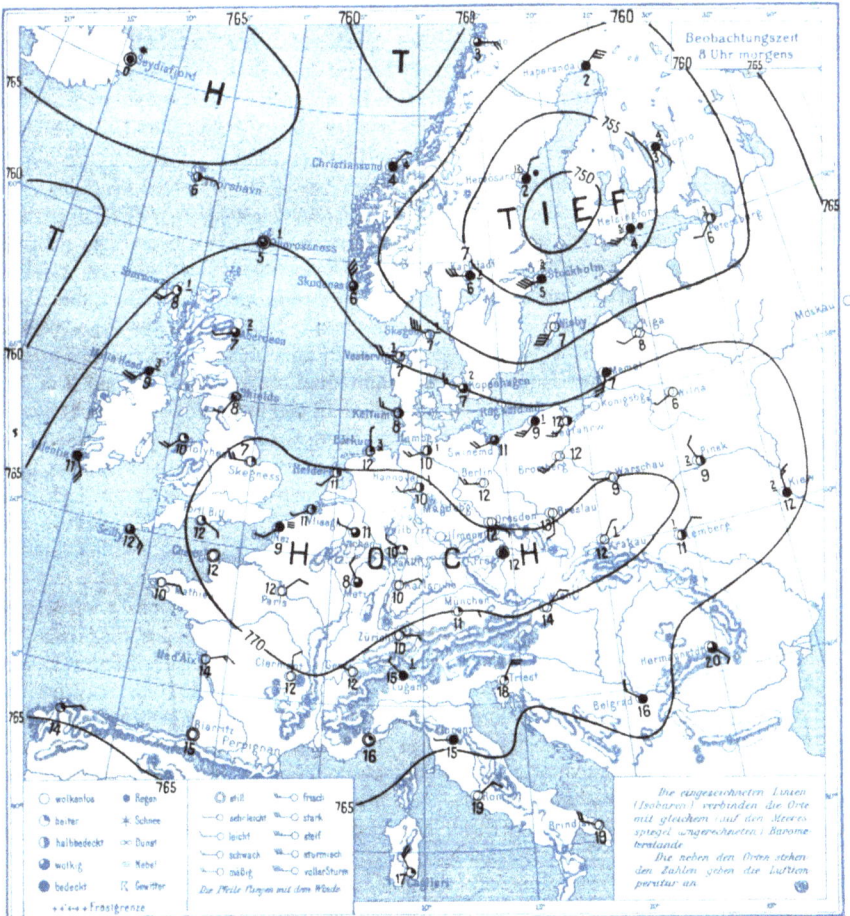

a) Wetterkarte vom 19. Mai 1909.
Hochdruckgebiet und Tiefdruckgebiet im Sommer.

a) Wetterkarte vom 19. Mai 1909. Ein Tiefdruckgebiet liegt über den nördlichen Teilen der Ostsee und erstreckt seinen Bereich im Süden bis nach den deutschen Ostseeküsten hin. Ein Hochdruckgebiet bedeckt den europäischen Kontinent. Wir erkennen die Luftzirkulation um das Tiefdruckgebiet sowohl wie um das Hochdruckgebiet herum, im ersteren Falle gegen den Sinn der Bewegung des Uhrzeigers, im zweiten mit demselben. Mit der Theorie stimmt es überein, dass (es ist Sommer) das Tiefdruckgebiet kühler ist als das Hochdruckgebiet, im Hochdruckgebiet heiteres Wetter herrscht, während es im Tiefdruckgebiet wolkig ist und Regen fällt, dass ferner die Winde im Hochdruckgebiet nur schwach wehen, während im Tiefdruckgebiet teilweise stürmisches Wetter herrscht. Das über den ganzen Kontinent herrschende windschwache Hochdruckwetter ist für den Luftsport natürlich sehr geeignet. Der glatte Verlauf der Isobaren zeigt, dass Böengefahr nicht vorhanden ist.

Eine für die zukünftige Entwicklung der Motorluftschiffahrt sehr wichtige Frage wollen wir hier aufwerfen, nämlich wie man sich die Luftströmungen bei grösseren Reisen zunutze machen kann. Angenommen man wollte von Petersburg nach Stockholm fahren. Auf dem direkten Wege bekäme man schätzungsweise 10 m Gegenwind, wodurch die Reisegeschwindigkeit auf etwa 7 m herabgedrückt und die 700 km lange Strecke 28 Fahrtstunden beanspruchen würde. Fährt man hingegen im grossen Bogen fast über Haparanda, so kann man durchschnittlich auf 7 m Mitwind rechnen, so dass die Geschwindgikeit auf 24 m p. s. oder 86 km p. St. anstiege und das Ziel trotz des doppelten Weges schon in 16 Stunden erreicht würde. Es folgt daraus die Regel: Immer gegen den Uhrzeiger um kleine Depressionen herumfahren und zwar so nahe am Zentrum vorbei als es die Bewölkung und die Niederschläge zulassen.

b) Wetterkarte vom 18. Januar 1909. Im Gegensatz zu dem soeben betrachteten Tiefdruckgebiet von geringer Ausdehnung finden wir jetzt eine ausgedehnte Depression, welche nur zu einem kleinen Teil auf unserer Wetterkarte sichtbar ist. Ihr Zentrum liegt wohl noch nördlich von Island, während sich ihr Einfluss bis nach Deutschland hinein bemerkbar macht. Ein Hochdruckgebiet zeigt sich in langgestreckter Form von Spanien bis nach dem Inneren von Russland hinein über Europa hinweg. Infolge der Luftdruckverteilung herrschen in West- und Nordeuropa südwestliche bis westliche Winde, die überall Luft aus wärmeren südlichen Gegenden herbeischaffen. Wir finden deshalb in ganz England hohe Temperatur, während im Innern des Kontinentes, wohin die warme Luft noch nicht vorgedrungen ist und wo infolge des klaren Hochdruckwetters starke Abkühlung eingetreten ist, die Temperatur mehrere Grade unter dem Gefrierpunkte liegt. Dieser Temperaturunterschied ist besonders in Südfrankreich sehr stark. Während in Ostfrankreich noch 5 ° Kälte herrschen, steigt die Temperatur an der Küste bis zu 10°. Es ist infolge dessen über der Biskajasee eine deutliche Ausbuchtung der Isobaren eingetreten, welche die Entstehung eines Teiltiefs ankündigt. Von diesem Teiltief, das von der herrschenden Luftströmung, also den Südwestwinden, mit fortgerissen

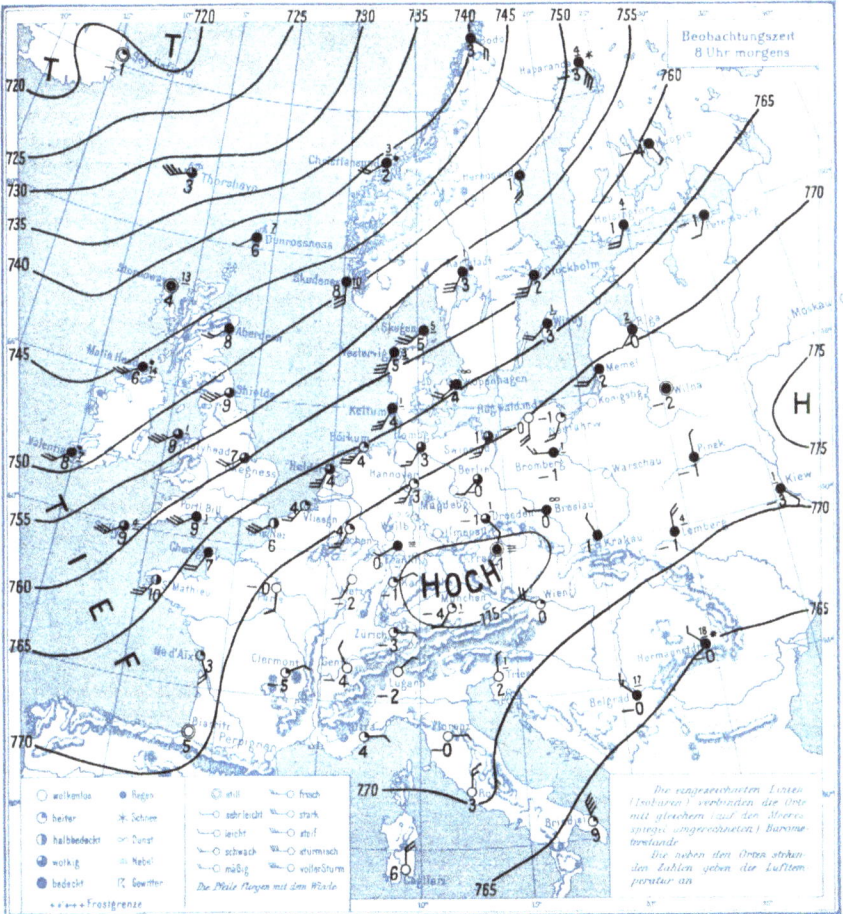

b) **Wetterkarte vom 18. Januar 1909.**
Tiefdruckgebiet im Winter.

werden wird, haben wir allmählich. in ganz Deutschland einen starken Wetterumschlag mit Erwärmung und Regenfällen zu erwarten.

Wenn also infolge des günstigen Wetters für die nächsten Tage Luftfahrten geplant waren, so kann man sie auf diese Wetterkarte schon am gleichen Tage absagen.

c) **Wetterkarte vom 22. Januar 1907.** Während die vorhergehende
Wetterlage für milde Winter typisch ist, weil infolge der westlichen Lage
des Tiefdruckgebietes Luft wärmerer Schichten hereingeschafft wird, ist
die folgende Wetterkarte vom 22. Januar 1907 charakteristisch für **strenges**

c) Wetterkarte vom 22. Januar 1907.
Hochdruckgebiet im Winter.

Frostwetter. Ein Hochdruckgebiet bedeckt Nordost-Europa während tiefer
Druck über dem Mittelmeer liegt. Infolge dessen herrschen in Zentral-
europa östliche Winde, welche Luft aus dem Inneren von Russland her-
einbringen, wo infolge der starken Ausstrahlung die Temperatur ausser-

ordentlich gesunken ist, stellenweise auf — 28⁰. (Ein sekundäres Tiefdruckgebiet; das am Tage vorher in Süddeutschland entstanden war,
ist von dieser kräftigen Ostströmung nach Nordwesten hinweggetragen
worden und bedeckt den Kanal). Solche Wetterlagen pflegen längere
Zeit anzuhalten. Man kann daher mit einer längeren Frostperiode rechnen.

Wenn bei dieser Wetterlage ein Luftschiff von Stockholm nach Königs
berg fahren wollte, so müsste es gegen einen stetigen Ostwind von mindestens
10 m ankämpfen; fährt es jedoch mit einem grossen Bogen über Finnland,
Petersburg, Riga, so wird es bedeutend schneller hinkommen und ruhiger
fahren. Daraus folgt die Regel: **Wenn möglich im Sinne des Uhrzeigers um ein Hochdruckgebiet fahren und zwar gerade
durch das Zentrum.**

d) **Wetterkarte vom 19. Mai 1911.** Die Karte zeigt einen typischen
Kälterückfall, dessen Auftreten im Mai nicht nur der Landwirtschaft in
hohem Masse verderblich werden kann, sondern auch für die Ausübung
des Luftsports eine starke Behinderung bildet.

Ein Tiefdruckgebiet liegt über Ungarn; es steht im Zusammenhange
mit zwei Teiltiefs, die sich vormittags regelmässig über dem Thyrrhenischen
und Adriatischen Meere bilden. Ein Hochdruckgebiet bedeckt die Westküste
Europas und zieht sich hinauf bis zum Nordmeere. Nach dem Windgesetz
muss in den zwischen dem Hochdruck- und Tiefdruckgebiet liegenden
Gegenden in diesem Falle eine nördliche Luftströmung erzeugt werden,
welche, wenn sie andauert, kalte Luft nach dem von der Frühlingssonne
erwärmten Kontinent führt. Da diese Wetterlage gewöhnlich einige Zeit an-
hält, kann die nördliche Luftströmung die Temperatur an exponierten Stellen
unter den Gefrierpunkt sinken lassen. Das Wetter in Deutschland ist bei
dieser Lage des Tiefdruckgebietes also kühl und trüb.

Bemerkenswert ist bei dieser Wetterlage das häufige Entstehen von
Böen mit Hagel- und Graupelschauern (Aprilwetter); sie reichen allerdings
gewöhnlich nicht bis zu grossen Höhen. Da bei dieser Wetterlage gewöhnlich Stabilitätsschichten in geringeren Höhen fehlen, ist die Luft verhältnismässig unruhig und zur Ausübung des Luftsports ungünstig.

Im April, Mai und Juni muss man immer darauf achten ob nicht
irgend ein Tiefdruckgebiet Neigung hat, sich nach Osteuropa, besonders
Ungarn zu verlagern. Geschieht dieses und herrschen in der genannten
Gegend besonders hohe Temperaturen, so ist ein Kälterückfall mit Sicherheit vorauszusehen.

Man beachte auch hier, wie eine etwa projektierte Reise von Belgrad
nach Wien auf dem direkten Wege bei Gegenwind, über Hermannstadt und
Lemberg hingegen mit dem Winde erfolgen würde.

e) **Wetterkarte vom 15. Mai 1911.** Die Karte vom 15. Mai zeigt
eine **Gewitterlage**: Schwache Luftdruckverteilung in Mitteleuropa, wo
der Luftdruck nur zwischen 752 und 757 mm schwankt; starke Ausbuch-

tungen der Isobaren, welche einen typischen „Gewittersack" über West-
preussen, Posen und Schlesien und einen andern über dem Finnischen
Meerbusen bilden; hohe Temperaturen in den Gegenden östlich des über
Ostdeutschland liegenden Gewittersacks, während in den Gegenden, über

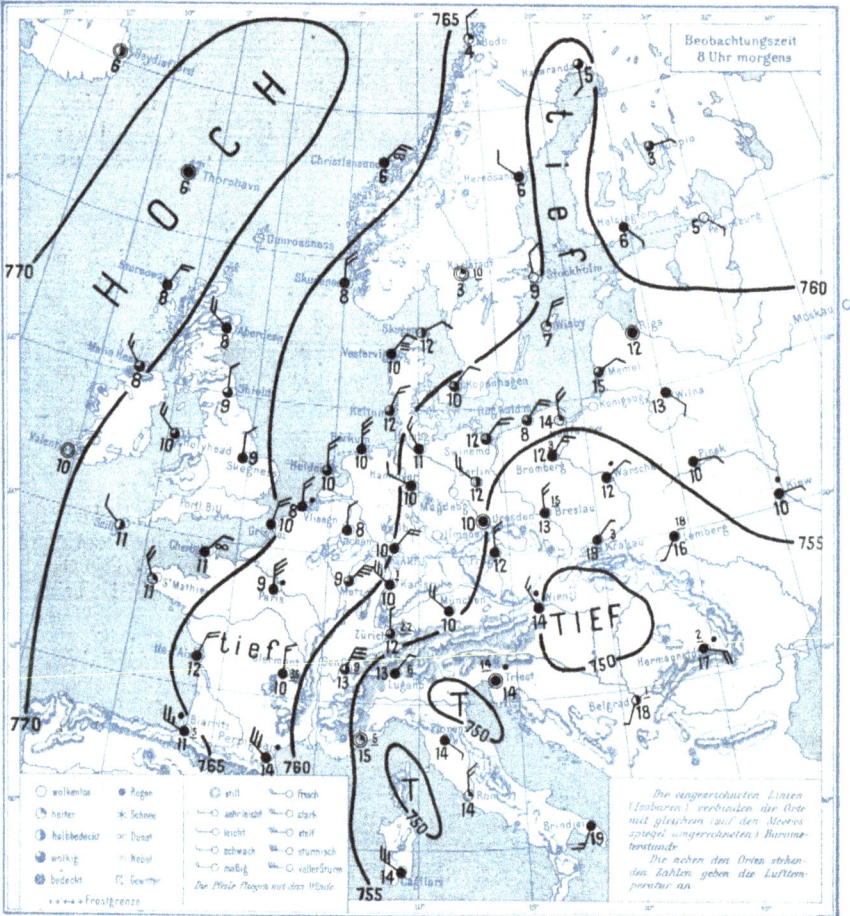

d) Wetterkarte vom 19. Mai 1911.
Kälte rückfall.

welche die Teildepression schon vorübergegangen ist, die Luft sich wesentlich abgekühlt hat. Die Teiltiefa wandern nämlich langsam in der Richtung
von Südwesten nach Nordosten durch Europa hindurch, und schon sieht
man über dem Biskayameerbusen ein neues Teiltief in Bildung begriffen.

Überall da, wo diese Teiltiefs — mit ihren Temperatur- und ihren Wind-
unterschieden auf ihrer Vorder- und Rückseite — liegen, werden trotz
der gar nicht übermässig hohen Temperaturen lokale Gewitter erzeugt.

e) Wetterkarte vom 14. Mai 1911.
Gewittersack.

Die Luftfahrer haben alle Ursache sich eine solche Wetterlage mit
ausgesprochenen Gewittersäcken zu merken, damit Fahrten auf der Vorderseite eines solchen vorüberziehenden Teiltiefs unterbleiben, auch wenn das
Wetter noch so gut aussehen sollte. Auf der Rückseite hingegen wo die
Abkühlung stattgefunden hat, ist die Luft verhältnismässig ruhig und stabil.

5*

Das Wesen, die Entstehung und Weiterbewegung eines Gewitters soll im nächsten Kapitel eingehend behandelt werden. Hier soll nur gezeigt werden, wie man aus der Wetterkarte die Neigung zur Bildung solcher Gewitter ersehen kann. Man wird jedoch nicht mit Sicherheit voraussagen können, um welche Tageszeit und in welchen Orten sich die Gewitter bilden. Das erfordert deshalb eine besondere Organisation, welche später beschrieben werden soll.

f) **Wetterkarte vom 7. Juli 1908.** Wir wollen hier einmal die Gegend in Schlesien und Polen besonders ins Auge fassen. Westlich von diesen Gegenden liegt ein Tiefdruckgebiet mit dem Kern über dem schwarzen Meere, das noch am Tage vorher Regen gebracht hat. Wir sehen, dass starke Niederschläge in Krakau und Hermannstadt gefallen sind; schwache in Pinsk, Lemberg und Belgrad. An den genannten Orten herrscht auch noch überall bei nordwestlichen Winden wolkiges Wetter, sie liegen also im Bereich des abgezogenen Tiefs. Westlich von der betrachteten Gegend hingegen sehen wir ein ausgedehntes Tiefdruckgebiet mit dem Kern über der Nordsee, welches von Westen schnell herangekommen ist und schon bis nach Sachsen hinein seine Wirksamkeit erstreckt. Schon hier sehen wir die durch die Wetterlage bedingten südlichen Winde bei wolkigem Wetter, wenn auch vorläufig noch ohne Niederschläge.

Zwischen diesen beiden Tiefdruckgebieten hat sich nun ein langer schmaler Streifen hohen Druckes gebildet, welcher von Wien über Breslau, Bromberg, Memel bis nach Petersburg und weiter reicht. In diesem ganzen Gebiete herrscht bei schwachen Winden verschiedener Richtung trockenes und wolkenloses Wetter, während im Osten bei Nordwinden, im Westen bei Südwinden Bewölkung herrscht. Die Erscheinung ist typisch für H o c h d r u c k r ü c k e n. Das Wetter hat auf der Rückseite des abgezogenen östlichen Tiefes bei stark steigendem Barometer schneller aufgeklärt, als es in der Regel zu geschehen pflegt. Das sonst übliche böige Rückseitenwetter blieb aus. Aber gerade diese allzustarke Änderung zum Besseren und das allzustarke Steigen des Barometers sind Anzeichen für ein schnell heranziehendes neues Tiefdruckgebiet, das schon nach wenigen Stunden durch ein Umschlagen des Windes nach Süden hin, erneutes Fallen des Barometers und heranziehende Federwolken in Erscheinung tritt. In diesem Falle liess sich der Umschlag mit Hilfe der Wetterkarte sicher voraussagen.

Bei der Gelegenheit soll noch einmal daran erinnert werden, dass im Zentrum eines Hochdruckgebietes oft schnelle Windrichtungsänderungen vorkommen. Das gilt ganz besonders beim H o c h d r u c k r ü c k e n. Diese verlagern sich oft ausserordentlich schnell und rufen beim Vorübergang über einen Ort binnen k ü r z e s t e r Zeit ein U m s p r i n g e n d e s W i n d e s in die e n t g e g e n g e s e t z t e R i c h t u n g hervor. Bei Wettfahrten kann diese Kenntnis sehr wichtig sein.

Auch in verschiedenen Höhen herrschen im Hochdruckrücken oft grosse Windverschiedenheiten. Bisweilen kann man schon in wenigen Hundert Metern entgegengesetzten Wind antreffen.

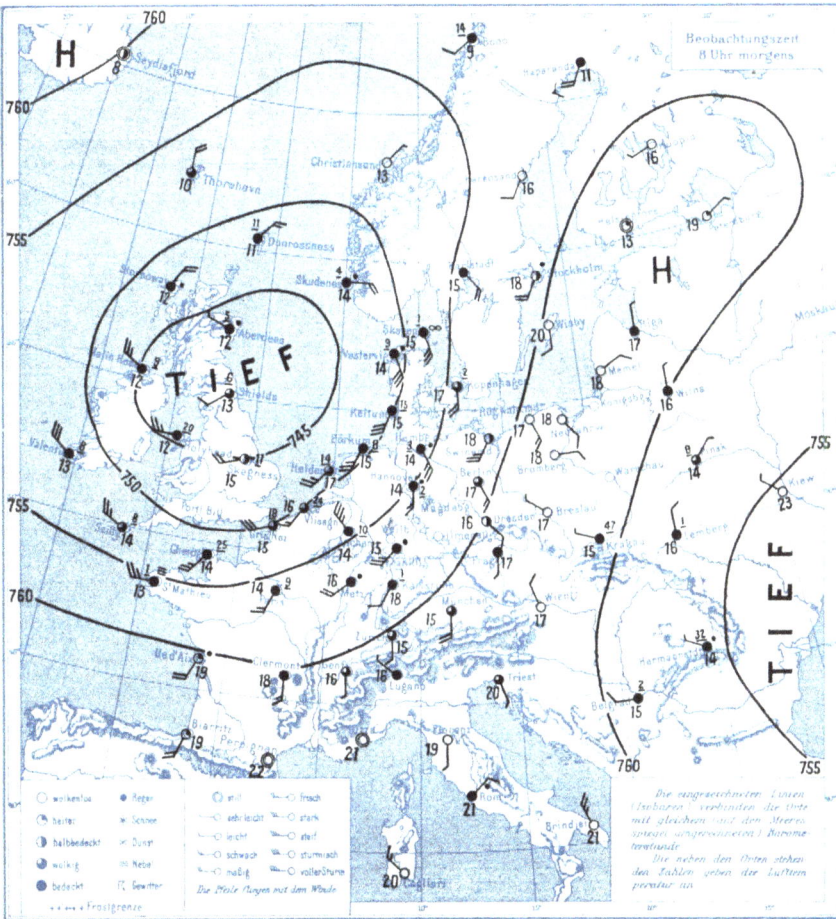

f) Wetterkarte vom 7. Juli 1908.
Hochdruckrücken.

g) Wetterkarte vom 14. Juni 1910. Die Karte zeigt den entgegengesetzten Fall: Zwei Hochdruckgebiete, eines im Nordosten, eines im Südwesten von Europa und zwischen ihnen eine Rinne tiefen Luftdruckes, welche sich vom Polarmeere mitten durch Deutschland hindurch nach dem Mittelmeere erstreckt. Betrachten wir einmal die Windströmungen im

Osten und im Westen, so finden wir, dass im Bereich des östlichen Hoch-druckgebietes die der Luftdruckverteilung entsprechenden Südostwinde wehen und zwar auf der ganzen Strecke vom Balkan durch Ostdeutschland bis nach Norwegen hinauf. Die gleichmässigen, südöstlichen Windrichtungen

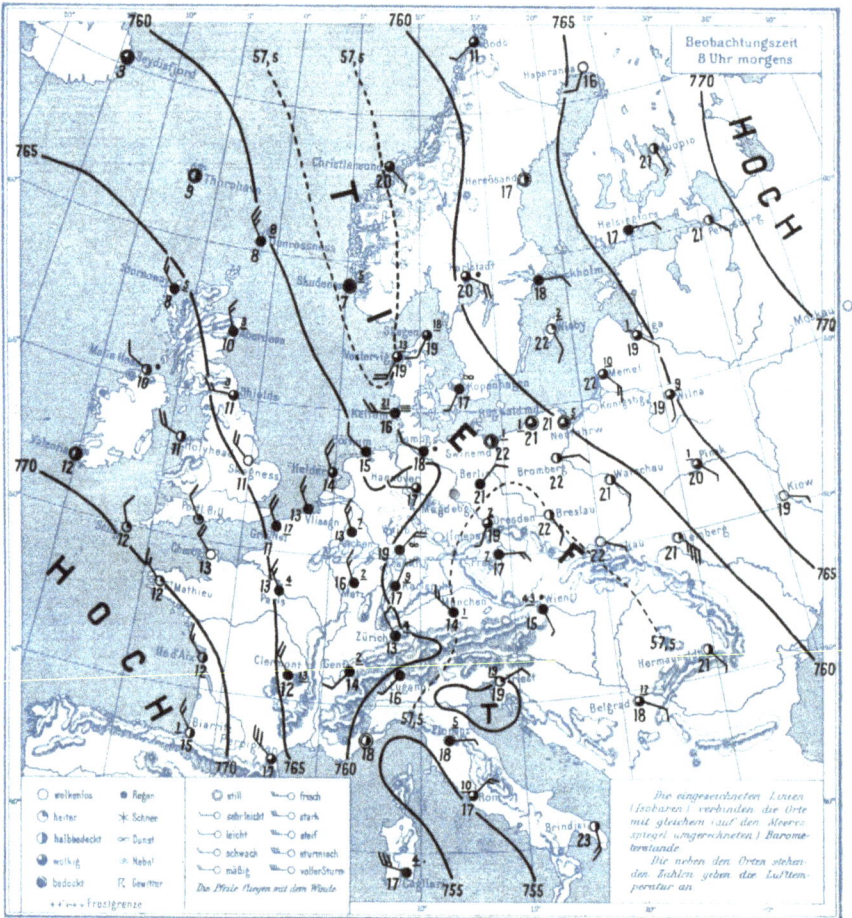

g) Wetterkarte vom 14. Juni 1910.
Tiefdruckfurche.

lassen erkennen, dass es sich um eine ausgesprochen einheitliche Luft-strömung handelt. Die Temperatur dieser Luftströmung ist bemerkens-wert hoch, im Durchschnitt etwa 22°.

Im Bereich des südwestlichen Hochdruckgebietes, wehen entsprechend der Luftdruckverteilung nordwestliche Winde und zwar auffallend gleich· mässig auf der ganzen Strecke zwischen Schottland und Südfrankreich bis nach Süddeutschland hinein. Aber hier sind die Temperaturen infolge des nördlichen Ursprunges der Luft auffallend tief, im Durchschnitt etwa 12°.

Diese beiden Luftströmungen, welche genau entgegengesetzte Luft- richtung haben und deren Temperatur um 10° differiert, treffen sich in einem schmalen Streifen, welcher mit der vorher bezeichneten Tiefdruckrinne zu- sammenfällt. An dieser Reibungsfläche der beiden Windströmungen, welche offenbar gleiche Energie haben und sich gegenseitig nicht verdrängen können, muss nun der Gegensatz von Temperatur und Richtung Wetter- katastrophen zur Folge haben. Die warme feuchte Luft wird zu schnellem Aufsteigen gezwungen, wobei das Wasser in grossen Mengen kondensiert und in Form von Wolkenbrüchen herunterfällt. Solche Wolkenbrüche, welche Überschwemmungen zur Folge hatten, sind an diesem Tage auch in der ganzen Linie beobachtet worden, im Ahrthal sowohl wie in Tirol, Steiermark und dem Balkan. Wir ziehen daraus den Schluss, dass bei Bildung solcher Tiefdruckfurchen atmosphärische Störungen aller Art zu erwarten sind. Luftfahrten sollten in ihrer Nähe unterbleiben.

5. Organisation des Öffentlichen Wetterdienstes.

Es sollen hier noch Mitteilungen über die Organisation des öffentlichen Wetterdienstes Platz finden, damit man weiss, wie die Prognosen entstehen und wie man vorkommendenfalls Aus- künfte über die zu erwartende Witterung bekommen kann.

In allen Staaten Europas gibt es jetzt Institutionen, welchen täglich die um 8 Uhr vormittags an vielen Orten Europas an- gestellten meteorologischen Beobachtungen telegraphisch zu- gesandt werden; diese Nachrichten werden dazu verwandt, ein Bild über die Wetterlage und die in den letzten 24 Stunden eingetretenen Veränderungen zu entwerfen, auf Grund dessen dann die Prognose für den folgenden Tag aufgestellt wird. In Deutschland wird eine solche kurze Prognose schon bis 12 Uhr mittags an allen Postanstalten angeschlagen. Man kann für monatlich 2 Mk. darauf abonnieren, sich auch gegen eine Gebühr von 10 Pf. die Prognose vom Fernsprechamt zusprechen lassen. Die Wetterkarten werden bis 12 Uhr mittags fertiggestellt, verviel- fältigt und zur Absendung gebracht. Gegen eine Abonnementsgebühr von 50 Pfg. den Monat kann man bei allen Postanstalten darauf abonnieren.

Es kann allen denen, welche Luftsport treiben oder an Luftschiffahrt interessiert sind, nicht dringend genug empfohlen werden, dauernd auf die Wetterkarte zu abonnieren. Dadurch, dass man ab und zu einige Minuten darauf verwendet, die Wetterlage zu studieren, bekommt man im Laufe der Zeit eine erhebliche Erfahrung in der Beurteilung des Witterungszustandes. Diejenigen, die sich nur darauf beschränken, die Wetterkarte vor einem Aufstiege anzusehen, denen wird sie stets ein Buch mit sieben Siegeln bleiben.

Die täglichen Beobachtungen an den europäischen Stationen, auf Grund deren die Wetterkarte gezeichnet wird, werden in Deutschland von der Deutschen Seewarte in Hamburg gesammelt und von ihr wieder an die verschiedenen Wetterdienststellen und meteorologischen Institute weitergegeben. Man kann für kürzere oder längere Zeit sich diese chiffrierten Wetter-Telegramme der Deutschen Seewarte bestellen und so selbst die Wetterkarte danach entwerfen. Jede Postanstalt nimmt Anmeldungen hierfür entgegen. Der Abonnementspreis für die in zwei Sammeldepeschen („Abonnement-Wettertelegramm" und „Abonnement-Extratelegramm") ankommenden Beobachtungen ist 30 Mk. monatlich.

Die Beobachtungen jeder Station werden in drei Gruppen zu je fünf Zahlen dargestellt, deren Bedeutung aus folgendem Schlüssel hervorgeht:

BBBWW SHTTA RB'B'VN

BBB bedeutet den Luftdruck in Zehntelmillimetern unter Weglassung der selbstverständlichen 700. Also 657 bedeutet 765.7 mm.

WW ist die Windrichtung, nämlich 02 NNE, 04 NE, 06 ENE, 08 E, 10 ESE, 12 SE, 14 SSE, 16 S, 18 SSW, 20 SW, 22 WSW, 24 W, 26 WNW, 28 NW, 30 NNW, 32 N. Wenn jedoch der Luftdruck im Fallen begriffen ist, wird jede Ziffer um 50 erhöht, so dass 52 NNE, 54 NE usw. bedeutet. — Bei Windstille wird 00 oder bei fallendem Luftdruck 50 geschrieben.

S gibt die Windstärke nach der Beaufortskala an (siehe Teil I S. 43 u. 44).

TT Temperatur in Celsiusgraden.

H ist die Himmelsansicht: 0 wolkenlos, 1 einviertel bedeckt, 2 halb bedeckt, 3 dreiviertel bedekt, 4 bedeckt, 5 Regen, 6 Schnee, 7 Dunst, 8 Nebel, 9 Gewitter.

A bedeutet die „barometrische Tendenz", d. h. die Anzahl Millimeter, um welche der Luftdruck in den letzten drei Stunden vor der Beobachtung gestiegen oder gefallen ist. Ist er gefallen, so wird das dadurch zum Ausdruck gebracht, dass die Ziffern für die Windrichtung WW um 50 erhöht werden.

R gibt die Regenmenge der letzten 24 Stunden nach Stufen wieder und zwar bedeutet:

Stufe 0   kein Regen
„   1   0,1 bis 0,4 mm
„   2   1 „   2 „
„   3   3 „   6 „
„   4   7 „   12 „
„   5   13 „   20 „
„   6   21 „   31 „
„   7   32 „   44 „
„   8   45 „   59 „
„   9   nicht gemeldet.

B'B' gibt den Luftdruck vom Abend des vorhergehenden Tages in ganzen Millimetern mit Weglassung der 700.

V bedeutet den Witterungsverlauf am gestrigen Tag nach folgendem Schema:

0 meist heiter   5 nachmittags Niederschlag
1 ziemlich heiter   6 nachts Niederschlag
2 meist bewölkt   7 Gewitter
3 Wetterleuchten   8 Niederschläge in Schauern
4 vormittags Niederschlag   9 anhaltend Niederschläge.

N ist die laufende Nummer der Station, um Verwechselungen zu vermeiden.

Die Anzahl der in den beiden Vormittagstelegrammen enthaltenen Stationen ist 79. —

Auf Grund der um 2 Uhr nachmittags erfolgenden Beobachtungen wird noch ein Nachmittagstelegramm zum Preise von 10 Mark monatlich ausgegeben, welches nur 30 Stationen enthält, aber für Nachtprognosen sehr nützlich ist. Der Schlüssel lautet:

BBBWW   SHTTV',

wobei nur V', der Verlauf des Wetters von der Morgen- bis zur Nachmittagsbeobachtung noch zu erklären ist, das Schema ist folgendes:

0 meist heiter   5 ein stärkerer Regen (allein oder mit
                             etwas Schnee oder Graupeln)
1 ziemlich heiter   6 ein stärkerer Schneefall (allein oder
                             mit etwas Regen oder Graupeln)
2 meist bewölkt   7 Gewitter
3 Wetterleuchten   8 Niederschläge in Schauern
4 geringe Niederschläge   9 anhaltend Niederschläge.

Dabei muss bemerkt werden, dass dieser Schlüssel seit Mai 1911 gilt und bisweilen Änderungen erfährt. Natürlich bekommt man beim Abonnement auf diese Hamburger Wettertelegramme die Chiffrierungsanweisungen von der Post geliefert.

Im allgemeinen wird es nicht nötig sein, dass man sich selbst die Wetterkarte entwirft und die Prognose aufstellt. Es wäre sogar jemandem, der nicht über eine aussergewöhnliche Vorbildung in der Wetterkunde verfügt, sehr abzuraten, seinen eigenen Prognosen zu vertrauen, und es kann nur empfohlen werden, sich telephonisch oder telegraphisch mit der zuständigen Wetterdienststelle in Verbindung zu setzen.

Deutschland ist in 15 Wetterdienstbezirke eingeteilt. Preussen und die nord- und mitteldeutschen Staaten haben sich zu einem Norddeutschen Wetterdienst vereinigt und das Gebiet ohne Rücksicht auf politische Grenzen in 10 Hauptwetterdienststellen eingeteilt, nämlich: Königsberg, Bromberg, Breslau, Berlin, Magdeburg, Ilmenau, Hamburg, Aachen, Weilburg und Frankfurt a. M.

Als Telegrammadresse genügt überall das Wort: „Wetterdienst" mit Hinzufügung des betreffenden Ortes, nur in Hamburg adressiert man besser direkt an die Deutsche Seewarte.

Die grösseren deutschen Staaten Sachsen, Bayern, Württemberg und Baden, sowie das Reichsland Elsass-Lothringen haben ihre eigenen Wetterdienstorganisationen:

Sachsen: Das Königlich Sächsische Meteorologische Institut in Dresden.
Bayern: Die Königlich Bayerische Meteorologische Zentralstation in München.
Württemberg: Die Königlich Württembergische Meteorologische Zentralstation in Stuttgart.
Baden: Das Grossherzoglich Badische Zentralbureau für Meteorologie und Hydrographie in Karlsruhe.
Elsass-Lothringen: Die meteorologische Landesanstalt von Elsass-Lothringen in Strassburg i. E.
Für vorkommende Fälle seien auch noch die meteorologischen Hauptstationen der Nachbarländer aufgeführt:
Belgien: Observatoire Royal météor. de Belgique in Uccle bei Brüssel.
Dänemark: Det Danske Meteorologiske Institut in Kopenhagen (Grönningen).
England: Meteorological Office in London-Kensington.
Holland: Köninglijk Nederlandsch Meteorologisch Institut zu De Bilt bei Utrecht.
rankreich: Bureau centrale météorologique de France in Paris.

Österreich: Das K. K. Zentral-Institut für Meteorologie und Geodynamik in Wien, Hohe Warte.
Schweiz: Die Schweizerische meteorologische Zentral-Anstalt in Zürich.
Schweden: Statens Meteorologiske Centralanstalt in Stockholm.
Italien: R. Ufficio centrale di Meteorologica e Geodinamica in Rom.
Russland: Physikalische Zentralobservatorium in Petersburg.

Der Bitte um Mitteilung der Witterungsaussichten für Luftfahrer ist zweckmässig immer hinzuzufügen, dass sie zu Luftfahrtzwecken verwendet werden sollen. Der betreffende Wetterdienstbeamte wird dann die Prognose über Windrichtung, Windstärke und Gewitter mehr in den Vordergrund stellen.

Die Prognosen gewinnen natürlich sehr an Treffsicherheit, wenn sie nur auf 6 bis 12 Stunden gestellt zu werden brauchen. Daher wäre es für die Zwecke der Luftfahrt sehr wichtig, wenn nicht nur einmal am Tage, sondern mehrmals telegraphische Nachrichten an den Wetterdienststellen einträfen. Seit Mai 1911 empfangen sie zwar die Nachmittagstelegramme, welche sie in den Stand setzen, gute Voraussagen für die folgende Nacht abzugeben. Gerade für den Vormittag aber, der für Luftfahrten am geeignetsten ist, sind die Prognosen noch am unsichersten aufzustellen. Die Tageszeiten, an welchen die Prognosen frühestens fertiggestellt sein können, sind für die Frühbeobachtungen 10 $^1/_2$ Uhr mittags und für die Mittagsbeobachtung 5 Uhr abends. Solange in dieser Wetterdienstorganisation, welche auf Grund sehr schwieriger internationaler Vereinbarungen festgelegt ist, nicht ganz durchgreifende Veränderungen eintreten, müssen sich die Abfahrtszeiten von Lenk- und Freiballonen, besonders bei unsicherem Wetter, nach den Ausgabe-Terminen der Wetter-Prognose richten. Eine ganze Reihe von Ballonunfällen wäre verhütet worden, wenn nicht die verantwortlichen Leiter der Aufstiege sich über diese Forderung hinweggesetzt hätten. Sie sollten aber bedenken, dass ihnen der zuständige Wetterdienstleiter bis zu einem gewissen Grade die grosse Verantwortung abnimmt. In Zukunft wird niemand auf Nachsicht rechnen können, wenn er diese erste Forderung der Vorsicht, nämlich Erkundigungen über die Wetterlage abzuwarten, unberücksichtigt gelassen hat.

6. Aëronautischer Wetterdienst.

Mit der Erkundigung nach der Wetterprognose ist jedoch erst ein — allerdings der hauptsächlichste — Schritt zur Sicherung der Luftschiffahrt getan. Die Wetterkarte gibt bekanntlich nur ein Bild für die meteorologischen Verhältnisse an der Erdoberfläche, woraus man noch nicht mit Sicherheit auf die Verhältnisse in höheren Schichten schliessen kann. Der lebhafte Wunsch aller Meteorologen und Luftfahrer ist, sie durch Beobachtungen aus höheren Schichten zu ergänzen; wenigstens für verschiedene Punkte. Und das ist gar nicht so schwer zu erreichen, wenn es sich nur darum handelt, Beobachtungen über die Windverhältnisse zu bekommen. Die im 1. Teil, S. 49 ff. ausführlich behandelten Mittel der Pilotballone können auch von Nichtfachleuten angewandt werden.

Es ist deshalb — vornehmlich durch die Initiative von Geheimrat Assmann — für die besonderen Zwecke der Luftschiffahrt im Jahre 1911 der Versuch gemacht worden, in Nord- und Westdeutschland ein Netz von 14 Pilotballonstationen einzurichten, die täglich zwischen 7 und 8 Uhr einen Aufstieg unternehmen und die Ergebnisse nach dem Kgl. Aeronautischen Observatorium in Lindenberg telegraphieren. Von dort werden dann allen Wetterdienststellen die eingegangenen Nachrichten mittels Sammeldepeschen zugänglich gemacht.

Diese neue Einrichtung hat nicht nur den Zweck, die Luftfahrer über die zu erwartenden Windverhältnisse aufzuklären, sondern sie soll auch gleichzeitig für die Zwecke der allgemeinen Wetterprognose benutzt werden. In der Tat lassen sich aus den Pilotballonaufstiegen schon jetzt Regeln ableiten, welche in der praktischen Wetterkunde mit Vorteil Verwendung finden können. Geheimrat Börnstein, Dr. Felix M. Exner und H. Rotzoll haben sich um diesen Zweig der Wetterkunde besondere Verdienste erworben [1]).

Es wird jedoch das Ziel angestrebt auch Beobachtungen über Temperatur und Feuchtigkeit aus höheren Schichten regelmässig zu bekommen und zwar von einer grösseren

---

[1]) Ich nehme die Gelegenheit wahr, nachzuholen, dass die Idee und die erste Anwendung der Pilotballonmethode von dem Schweizer Meteorologen Dr. A. de Quervain stammt.

Reihe gleichmässig verteilter aërologischer Stationen. Man könnte dann einen horizontalen Schnitt durch die Wetterlage für diejenigen Höhen entwerfen, welche die oberste Grenze für die Luftschiffahrt bildet, etwa für 1000 oder 2000 m. Aus dieser Wetterkarte würden nicht nur die meteorologischen Verhältnisse der für Aëronautik wichtigsten Schicht viel deutlicher erkannt werden können, sondern es würde auch erheblich leichter sein, aus dieser durch lokale Verhältnisse an der Erdoberfläche ziemlich ungestörten Luftdruckverteilung auf die zu erwartenden Änderungen zu schliessen. Bisher gibt es in Deutschland leider nur drei aërologische Observatorien: Das Kgl. Preuss. Aëronautische Observatorium in Lindenberg (Kreis Beeskow), die Drachenstation am Bodensee in Friedrichshafen a. B., und die Drachenstation der deutschen Seewarte in Gr. Borstel bei Hamburg; ferner ist an dem im Bau befindlichen Feldbergobservatorium des Physikalischen Vereins zu Frankfurt a. M. eine aërologische Station vorgesehen.

Sobald in Mitteleuropa 8 bis 10 aërologische Observatorien in gleichmässigen Abständen vorhanden sind, würde es möglich sein, eine solche Wetterkarte für ein höheres Niveau zu entwerfen. Das muss das nächste Ziel in der Organisation des Wetterdienstes bilden.

Die soeben entworfenen Grundzüge eines Spezial-Wetterdienstes für Luftschiffahrt würden im Sommer noch durch Organisation eines Gewitterwarnungsdienstes zu vervollständigen sein. Wie schon früher hervorgehoben wurde, kann nur die Neigung für Gewitterbildung prognostiziert werden. Die genauen Ausbruchszeiten hängen zu sehr von den lokalen Verhältnissen ab. Hier muss ein telegraphischer Warnungsdienst eingreifen, wie er vom Verfasser gelegentlich der ersten Internationalen Luftschiffahrt-Ausstellung in Frankfurt a. M. im Sommer 1909 organisiert worden ist und wie er im Sommer 1911 von dem Kgl. Preuss. aëronautischen Observatorium in Lindenberg unter Geheimrat Assmann über ganz Norddeutschland ausgedehnt werden konnte: Eine grosse Anzahl von Gewitterbeobachtern senden bei Ausbruch eines Ge-

witters s o f o r t ein dringendes Telegramm an die nächste Wetterdienststelle ab, in welchem die Zeit des Auftretens des Gewitters
(oder auch einer Böe) und die Zugrichtung angegeben wird. Ein
derartiges Telegramm lautet z. B.: „11 Uhr 14 Min. erster Donner,
Gewitter zieht südlich" oder „8 ¼ Uhr schwere Regenböen ziehen
ostwärts". Diese Telegramme gehen spätestens eine Stunde
nach Ausbruch des Gewitters resp. der Regenböe in der Sammel-
stelle ein. Die Mitteilungen werden in Landkarten eingetragen
und die Isobronten, d. h. Linien gleichen Gewitterausbruchs,
gezogen. Man erkennt daraus sogleich, ob man es mit lokalen
Gewittern oder sog. Frontgewittern zu tun hat. Diese letzteren
pflanzen sich ziemlich regelmässig fort, so dass ihr Eintreffen
vorher angesagt werden kann. In diesem Falle können alle
Aufstiege so lange verhindert werden, bis das Unwetter vorüber
ist oder das Abflauen der Gewittertätigkeit aus den telegraphi-
schen Nachrichten zu ersehen ist. Die verschiedenen Zentral-
stellen tauschen ihre Nachrichten untereinander aus. — Falls bei
unsicherem Wetter die Absicht zum Aufsteigen besteht, empfiehlt es sich die zuständige Wetterdienststelle zu bitten, von
etwaigen Gewitterausbrüchen sofort Mitteilung zu machen.

Die Fig. 20 zeigt eine solche während der J. L. A. nach tele-
graphischen Berichten hergestellte Isobrontenkarte. Die Stationen
mit Pfeil haben Gewitter berichtet; der Pfeil zeigt die Zugrichtung an. Dieses Gewitter zog mit aussergewöhnlich grosser
Geschwindigkeit: um 1 Uhr hatte es gerade Trier passiert, um
3 Uhr liegt die Isobronte schon östlich der Linie Heidelberg—
Darmstadt — Frankfurt — Giessen, um 5 Uhr verschwindet es
über den Thüringer Wald.

Während der Ila hat dieser Gewitterwarnungsdienst sehr
gute Erfolge gezeitigt und, falls der Luftsport in Deutschland
noch grössere Ausdehnung gewinnt, so wird es unumgänglich
nötig sein, den 1911 versuchsweise eingerichteten Gewitterdienst
zu vervollkommnen und zu einer ständigen Einrichtung zu
machen[1]). Durch Funkentelegraphie kann man dann die in der

---

[1]) Jetzt sind aussichtsreiche Versuche im Gange die Telegraphen-
stationen zur Mitarbeit heranzuziehen.

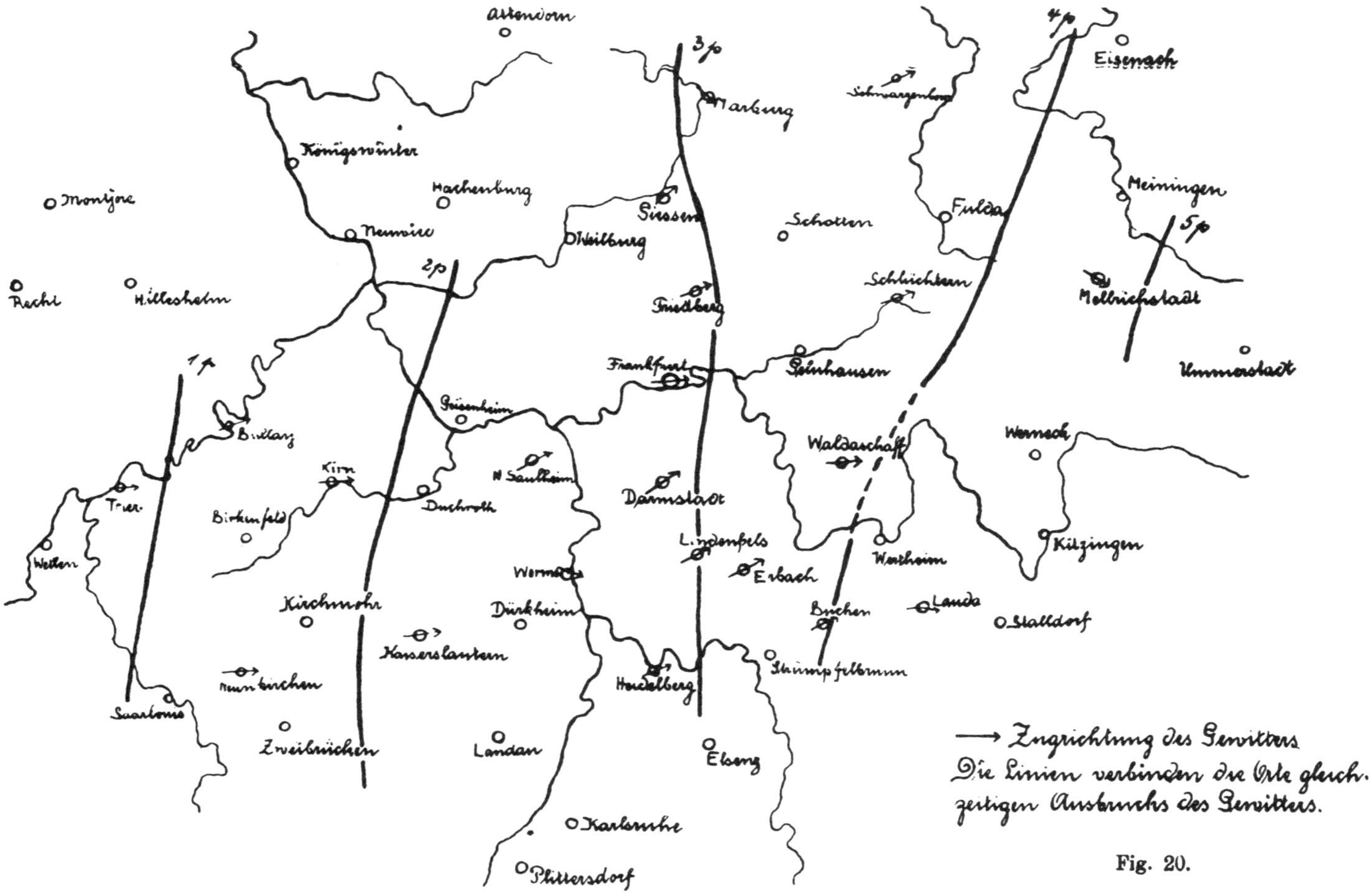
Attendorn
Königswinter
Hachenburg
Montjoie
Neuwied
Weilburg
Marburg
Giessen
Schotten
Eisenach
Meiningen
Fulda
Schlüchtern
Mellrichstadt
Recht
Hillesheim
Friedberg
Frankfurt
Gelnhausen
Unmerstadt
Geisenheim
Billaz
Kirn
Trier
Birkenfeld
Duchroth
N Saulheim
Darmstadt
Waldaschaff
Wernech
Weilen
Lindenfels
Erbach
Wertheim
Kitzingen
Worms
Kirchmohr
Dürkheim
Buchen
Landa
Stalldorf
Kaiserslautern
Neunkirchen
Heidelberg
Strümpfelbrunn
Saarlouis
Zweibrücken
Landau
Elsenz
Karlsruhe
Plittersdorf
1p
2p
3p
4p
5p
→ Zugrichtung des Gewitters
Die Linien verbinden die Orte gleichzeitigen Ausbruchs des Gewitters.

Fig. 20.

Luft befindlichen Fahrzeuge auf grosse Entfernungen hin vor
der heranziehenden Gefahr warnen.

Ein aëronautischer Wetterdienst besteht also aus:

1. täglich zwei- oder gar dreimaliger Wetterkartenausgabe,
2. Anstellung und Sammlung aërologischer Beobachtungen
   — zum wenigsten Pilotballonbeobachtungen von möglichst
   viel Stationen der näheren und weiteren Umgebung,
3. Organisation eines Gewitterdienstes.

Er müsste meines Erachtens bei jedem Luftschiffhafen und
jedem Flugplatz eingerichtet werden, wenn sich nicht in unmittelbarer Nähe ein mit allen Mitteln eines aëronautischen Wetterdienstes ausgerüstete Wetterdienststelle befindet, mit dem die
Leitung des Luftschiffhafens jederzeit in telephonischen Verkehr
treten kann. Der aëronautische Wetterdienst soll und kann
dann seine Aufgabe erfüllen, nämlich die Luftfahrt in den
Stand zu setzen, die Unbillen der Witterung, soweit sie
sie nicht überwinden kann, zu vermeiden.

Kapitel IX.

Böen, Gewitter und Tromben.

1. Allgemeines.

Der grösste Feind der Luftfahrt jeder Art ist bekanntlich das Gewitter. Und zwar nicht nur deswegen, weil durch
die dabei auftretenden elektrischen Entladungen die Luftfahrzeuge und deren Insassen verletzt werden können, sondern hauptsächlich und in ganz überwiegendem Masse wegen der dabei
auftretenden starken vertikalen Luftschwankungen,
durch welche diese Erscheinungen charakterisiert werden.

Böen und Gewitter sind rein meteorologisch genommen als
ein und dieselbe Störungsart zu betrachten. Sie unterscheiden
sich nur quantitativ insofern, als bei starker Ausbildung der
vertikalen Luftschwankung, welche wir „Böe" nennen, elektrische Entladungen auftreten und so die eigentliche Regenböe

resp. Graupel- oder Hagelböe zu einer Gewitterböe wird. Wir wollen hier von den elektrischen Eigenschaften ganz absehen, und können daher für die Gewitter genau dieselben Gesetze aufstellen, welche jetzt für die Böen abgeleitet werden sollen.

2. Wesen und Entstehung der Böen.

Was verstehen wir unter einer Böe? Jeder Laie wird sie beschreiben als eine dunkle Wolke, welche von weither sich als etwas Aussergewöhnliches vom Himmel abhebt und dann beim Näherkommen eine vorübergehende Verstärkung der Windgeschwindigkeit, meistenteils in Begleitung von kurzen aber intensiven Regen-, Schnee-, Hagel- oder Graupelschauern, hervorruft. Das Einsetzen des Windes erfolgt stossweise, gewöhnlich einige Minuten vor dem Beginn der Niederschläge. Der Luftfahrer wird Beobachtungen noch dahin ergänzen können, dass die Luft vor Herannahen der Böe in gleichmässigem, bisweilen ziemlich starkem Aufsteigen begriffen ist, dass aber — sobald er von der Böenwolke eingehüllt ist — oft ausserordentlich intensive Abwärtsbewegung eintritt.

Hat man Gelegenheit den grössten Teil des Himmels frei zu überblicken, so kann man beobachten, dass diese Erscheinungen auf einer oft viele Hundert Kilometer langen Linie zu gleicher Zeit auftreten, dass die Böenwolke also senkrecht zu ihrer Fortpflanzungsrichtung eine grosse Ausdehnung besitzt, während ihre Mächtigkeit meistens nur wenige Kilometer ausmacht (s. Fig. 21). Eine Böenwolke zieht wie eine lange Walze über das Land dahin.

Die meteorologischen Elemente vor und hinter dieser Böe zeigen einen bemerkenswerten Gegensatz. Vor Hereinbrechen der Böe ist das Wetter meist heiter, die Temperatur hoch, der Wind schwach, der Luftdruck langsam fallend; auf der Rückseite steigt der Luftdruck, die Temperatur ist um mehrere Grade kälter und der Himmel zunächst noch bewölkt, dann aber allmählich aufheiternd. Die Bewegung der Böe fällt mit der allgemeinen Windrichtung zusammen; oder, da wir wissen, dass die allgemeine Windrichtung den Isobaren parallel verläuft, so kann man auch sagen, dass die Böe sich parallel den Isobaren fortbewegt.

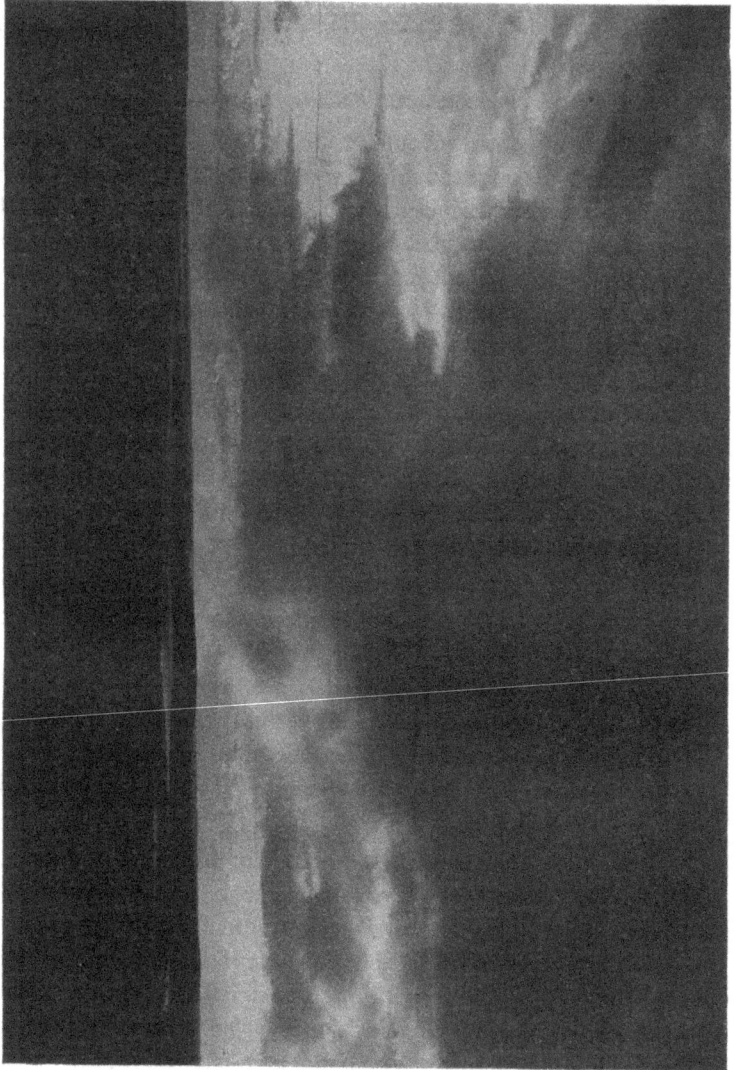

Fig. 21. Böenfront.

Aufnahme des Kgl. Preuss. Met.-Magn. Observatoriums Potsdam.

Die folgenden Figuren 22 und 23 zeigen den schematischen Anblick einer langgestreckten Böenfront. Wenn der vordere Wolkenkragen bogenartig nach oben gewölbt zu sein scheint, so liegt das nur daran, dass wir die ganze Wolke perspektivisch sehen, dass also die Dimensionen um so geringer erscheinen, je mehr sich die

Fig. 22. Anblick einer Böenfront von vorne.

Wolke von uns entfernt. In Wirklichkeit liegt der untere Rand der Böenwolke überall ziemlich in der gleichen Höhe. Das dicke Cumulusgewölk, aus dem der Wolkenkragen besteht, geht in der Höhe

Fig. 23. Querschnitt einer Gewitterböe.

meist in Gewittercirren über, und die grössere Windgeschwindigkeit in der grösseren Höhe bewirkt, dass diese Cirren der Böe meistenteils etwas vorausziehen.

6*

Weiteren Aufschluss über die Konstruktion einer Böe gibt
der Querschnitt. Man sieht daraus, dass der vordere Rand der
Böe am tiefsten liegt und die grösste vertikale Mächtigkeit besitzt. Der schwache, der Böe entgegenziehende, aufsteigende
Luftstrom bringt stets neue, warme Luftmassen zur Kondensation
und bewirkt so das Fortbestehen der ganzen Erscheinung. Hinter
dem vorderen Wolkenkragen bildet sich eine Wölbung, in welcher
der Regen herunterströmt und in welcher gleichzeitig die Luft
wieder herabfliesst. Während aber in der Höhe die Luftbewegung etwas g e g e n die Fortpflanzungsrichtung der Böe gerichtet zu sein scheint, weht in der Tiefe der Wind i n d e r
Richtung des Böenzuges und so stellt die ganze Erscheinung
eine Art L u f t w i r b e l u m e i n e h o r i z o n t a l e A c h s e d a r,

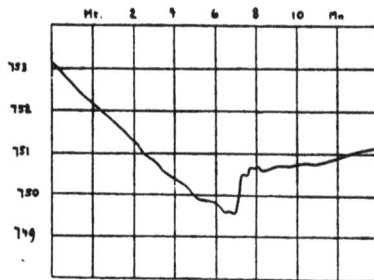

Fig. 24. „G e w i t t e r n a s e“.

wenngleich eine in sich abgeschlossene Wirbelbewegung im streng
theoretischen Sinne natürlich keineswegs anzunehmen erlaubt ist.
Der auf der Rückseite des Wirbels absteigende Luftstrom
findet an der Erdoberfläche einen Widerstand und wird in einen
horizontalen Windstoss verwandelt, den man dann häufig als
„Windböe“ bezeichnet. R u c k w e i s e W i n d s t ö s s e a n d e r
E r d e v e r d a n k e n w o h l m e i s t v e r t i k a l e n L u f t s c h w a n-
k u n g e n i h r e E n t s t e h u n g.
Erwähnenswert ist das V e r h a l t e n d e s L u f t d r u c k e s im
Augenblick des Vorüberganges einer Böe. Während der Barograph
zunächst ein langsames Fallen des Luftdruckes anzeigt, beginnt
der Zeiger gleichzeitig mit dem Einsetzen des ersten Windstosses
plötzlich zu steigen, bisweilen um mehrere Millimeter, um nach

einiger Zeit wieder auf seinen früheren Stand zurückzukehren. Diese eigentümliche Schwankung des Luftdruckes beobachtet man regelmässig und zwar um so stärker, je heftiger die Böe oder das Gewitter auftritt. In der Meteorologie ist sie unter dem Namen „Gewitternase" bekannt geworden (s. Fig. 24).

Die beim Vorübergang einer Böe nacheinander auftretenden Luftdruckschwankungen müssen in der Wetterkarte

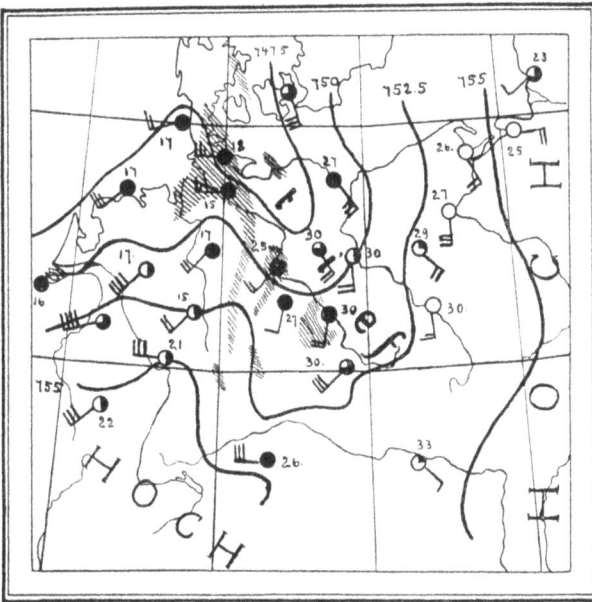

Fig. 25. Die meteorologischen Elemente in der Umgebung eines Frontgewitters am 9. Aug. 1881, 2 Uhr nachm.
(In den schraffierten Gegenden war Gewitter.)

natürlich nebeneinander erscheinen. So zeigt die Fig. 25 die graphische Darstellung eines Gewitterzuges durch die Isobaren. An der Stelle, wo sich das Gewitter gerade befindet, sieht man eine schroffe Ausbuchtung der Isobaren, wie sie bei Teiltiefs immer beobachtet wird, nach dem höheren Luftdruck hin. Auf der Ostseite (Vorderseite) der Böenfront sehen wir südliche Winde mit hohen Temperaturen und heiterem

Himmel, auf der westlichen Rückseite ist es trüb und kühler, die Winde kommen aus West. Dicht hinter der tiefsten Stelle der Luftdruckfurche zeigen schraffierte Stellen an, dass Gewitter zum Ausdruck gekommen sind. Der Verlauf der Isobaren vor- und nachher ist der gleiche. Wegen der Gestalt der Isobaren, spricht man von V-Depressionen.

Schon im vorigen Kapitel (S. 65 ff) wurde auf die meist nach Süden gerichteten Ausbuchtungen der Isobaren, welche man mit dem Namen „Gewittersäcke" belegt hat, hingewiesen. Hierin sind die Verhältnisse ähnlich.

Denkt man sich die Punkte gleichzeitigen Auftretens der Böe miteinander verbunden, so entsteht die Böenlinie, welche, wenn die Böe von Westen nach Osten zieht, wie es gewöhnlich der Fall ist, an ihrer Vorderseite, also rechts, die höhere Temperatur, an der Rückseite die tiefere Temperatur aufweist. Hierin liegt gleichzeitig eine Erklärung für das Zustandekommen der Böen und Gewitter: Wenn kalte Luft, von Norden und vom Ozean kommend, im Sommer in den erhitzten Kontinent hineinbricht, so muss an der Grenze zwischen der kalten und wärmeren Luft, die warme Luft nach oben gehoben werden, während die kalte Luft sich keilförmig unter die warme schiebt. Die Gleichgewichtsstörungen, welche notwendigerweise mit plötzlichen Kondensationserscheinungen verbunden sein müssen, verursachen die Böe. Zur Entstehung dieser Böen ist also stets ein Vorhandensein verschieden temperierter Luftschichten die Vorbedingung. Dieser Temperaturunterschied zwischen Vor- und Rückseite einer Böe wird häufig noch dadurch verstärkt, dass auf der Rückseite durch die hinunterfallenden Hagelkörner und abgekühlten Regentropfen eine weitere Abkühlung eintritt, während auf der Vorderseite der Böe die erwärmende Wirkung der Sonnenstrahlen die Temperatur zu hohen Graden steigen lässt.

Gewissermassen ist jede Cumulus-Wolke eine kleine Böe: Vor ihr ist die Temperatur wärmer als hinter ihr, weil die Beschattung Abkühlung verursacht; an ihrer Vorderseite befindet sich bei ihrer Bildung ein aufsteigender Luftstrom, auf ihrer Rückseite hingegen ein absteigender; auch wird jeder

Luftfahrer bestätigen, dass in ihr stets mehr oder weniger leichte Luftwirbel auftreten.

Diese soeben besprochenen Arten von Gewitterböen lassen sich leicht prognostizieren, weil sie mit gleichmässiger Geschwindigkeit — durchschnittlich 30 bis 60 km pro Stunde — über den Kontinent dahinziehen und sich oft mehrere Tage lang erhalten. Der Meteorologe spricht dann von „Wirbelgewittern" oder „Frontgewittern". In einem gewissen Gegensatz zu ihm stehen die lokalen „Wärmegewitter". Sie zeigen keine ausgesprochene Zugrichtung und haben auch gewöhnlich nicht die grosse horizontale Ausdehnung. Diese lokalen Wärmegewitter entstehen dann, wenn der Luftdruck so gleichmässig verteilt ist, dass eine ausgesprochene Windrichtung kaum vorhanden ist. An besonders dazu geeigneten Stellen tritt dann unter der Einwirkung der Sonnenstrahlen eine starke Überhitzung der untersten Luftschicht ein, wodurch die untere Luft schliesslich relativ leichter wird als die kühlere Luft höherer Schichten und nun gewaltsam in die Höhe steigt. Abgeschlossene Gebirgstäler, Gebirgsabhänge und grosse Ebenen sind besonders geeignet als „Gewitterherde". Stundenlang ehe das Gewitter zum Ausbruch kommt, sieht man über der betreffenden Gegend die Cumuluswolken emporwachsen. Durch die fast immer in der Atmosphäre vorhandenen Stabilitätsschichten wird zunächst diesem Aufsteigen der Luft ein Halt geboten, es speichert sich gewissermassen die Energie der aufsteigenden Luftströme unter der Stabilitätsschicht auf, bis sie imstande ist, das Hindernis zu beseitigen. Hat der Luftstrom nun diese Stabilitätsschicht durchbrochen und gelangt in eine darüberliegende Schicht mit stärkerem vertikalen Temperaturgefälle, so gibt es kein Halten: In kurzer Zeit schiesst die Wolke mehrere Tausend Meter empor und zwar in Gestalt der schon aus einem früheren Kapitel bekannten Hageltürme, und gleichzeitig entstehen die elektrischen Spannungen, welche sich in Blitz und Donner bemerkbar machen. — Beachtenswert ist die wichtige Rolle, welche die schon oft besprochenen Stabilitätsschichten offenbar bei der Gewitterbildung spielen.

Die alte Unterscheidung zwischen „Wirbelgewittern" und „Wärmegewittern" trifft eigentlich nicht den Kern der Sache.

Ich möchte die Unterscheidung zwischen Gewittern mit abnorm
grossen h o r i z o n t a l e n und solchen mit abnorm grossen v e r-
t i k a l e n Temperaturgradienten vorschlagen. Die für die Gewitterbildung nötigen aufsteigenden Luftströme werden im
ersteren Falle durch die unmittelbare Nachbarschaft kalter
und warmer Luftmassen verschiedener Herkunft (Wirbelgewitter),
bei den Wärmegewittern durch lokale Überhitzung der unteren
Luft erzeugt.

Die Weiterbewegung der Wärmegewitter lässt sich nur
selten vorherbestimmen. Oft bleiben sie über dem Ursprungs-
ort stundenlang stehen, entladen alle ihre Niederschläge in
kurzer Zeit auf ein und derselben Stelle, was wir dann einen
„Wolkenbruch" nennen. Häufig aber auch folgen sie, nachdem
sie einmal entstanden sind, entweder den in der Höhe vorhandenen Windströmungen, oder ihr Lauf passt sich den oro-
graphischen Verhältnissen der Erdoberfläche an. Sie unterscheiden sich dann kaum von den Frontgewittern und gehen
wohl oft auch direkt in Wirbelgewitter über. So ziehen sie
an Gebirgsketten oder Flüssen entlang weiter und entwickeln
sich immer dort von neuem, wo sie günstige Verhältnisse finden.
Diejenigen Gegenden aber, wo die Überhitzung der untersten
Luftschichten weniger stark erfolgt ist, überspringen sie. So
ist ja schon verschiedentlich hervorgehoben worden, dass kalte
Flusstäler tagsüber vom Gewitter verschont bleiben. I n
s o l c h e n F ä l l e n i s t V o r s i c h t g e b o t e n. Es hat sich
nämlich gezeigt, dass die elektrischen Spannungen in der
Höhe bestehen bleiben, auch wenn es nicht zu Regen und Blitzen
kommt. Ferner setzt das Gewitter nach Überschreiten des
Tales oft unverhofft plötzlich wieder ein.

Im allgemeinen gilt der Grundsatz, dass das Gewitter sich immer
dorthin gezogen fühlt, wo die Bedingungen für einen aufsteigenden Luftstrom am günstigsten sind. Tagsüber wird das Gewitter
von den Gebirgen angezogen, während es nachts die Flusstäler
bevorzugt.

Es wird zweckmässig sein, hier noch einmal kurz zusammenzustellen, wann Gewittergefahr als vorhanden gelten kann.

Anzeichen für Gewitterneigung.

1. Nach der Wetterkarte: Gleichmässige Luftdruckverteilung, ausgebuchtete Isobaren (Teiltiefs); grosse Temperaturgegensätze derart, dass kalte Luft in warme hineinweht; gegen einander gerichtete Winde an benachbarten Stationen.

2. Nach den aerologischen Berichten: Starke Temperaturabnahme mit der Höhe, bisweilen nur in grösseren Höhen (über 2000 m); hoher Feuchtigkeitsgehalt der Luft; starke Drehung des Windes mit der Höhe nebst Änderungen der Geschwindigkeit. Fehlen von Stabilitätsschichten in mittleren Höhen.

3. Lokale Beobachtungen: Auftreten von Cumulus castellatus am Vortage oder am Vormittage des Gewitters; hohe Temperatur und Windstille, Schwüle; unaufhörliche Weiterentwicklung der Cumuli ohne Wiederauflösung, hohe Cumuluskuppen (flache Formen weisen auf Stabilität hin); Bildung von „Cumuluskappen" und „Gewitterzirren" dicht vor dem Ausbruch.

3. Statistisches.

Einige statistische Ergebnisse der Gewitterbeobachtungen sollen hier noch Erwähnung finden, wenngleich — wie ich schon öfter in diesem Buche ausgesprochen — statistische Mittelwerte für den Luftschiffer wenig Wert haben. J. v. Hann gibt in seinem Lehrbuche der Meteorologie über die prozentualen Häufigkeit der Gewitter in Mitteleuropa für die verschiedenen Monate folgende Zahlen an:

Jan.	Febr.	März	April	Mai	Juni	Juli	Aug.	Sept.	Okt.	Nov.	Dez.	Jahr
0,0%	0,1	1,2	6,0	16,1	**23,7**	21,7	19,5	7,7	2,9	1,0	0,1	18,4

Daraus ergibt sich also die altbekannte Tatsache, dass Juni und Juli die gewitterreichsten Monate sind und dass der Frühling gewitterreicher ist als der Herbst. Wenn wir von den Wintermonaten November bis März absehen, sind also September und Oktober — wie meist, so auch hier — die für die Luftfahrt günstigsten Monate.

In den Küstengegenden hingegen treten im Frühling seltener Gewitter auf, während sie im Winter häufiger sind als über dem Kontinent.

Eigentümlich ist, dass die zweite Hälfte des Juni und die erste Hälfte des Juli weniger Gewitter aufweisen als die erste Hälfte des Juni und die zweite Hälfte des Juli. Allerdings ist der Unterschied nur sehr gering und praktisch bedeutungslos.

Die Verteilung der Gewitter auf die verschiedenen Tageszeiten entnehmen wir ebenfalls einer Zusammenstellung von J. v. Hann. Es geht daraus hervor, dass auf dem Kontinent

Täglicher Gang der Gewitterhäufigkeit in Promillen.
(Auszug aus einer Zusammensetzung von J. v. Hann).

	Westküste v. Schottland	Mittel-Deutschland	Europäisches Russland
Mittn. bis 1 Uhr	39%	7*	12
1— 2	36	17	12
2— 3	29	13	10
3— 4	25	10	11
4— 5	23	9	9
5— 6	21	8	8
6— 7	17*	7*	8*
7— 8	18	8	8
8— 9	19	8	10
9—10	22	9	11
10—11	26	25	23
11—Mttg.	34	38	36
Mttg.— 1	39	56	52
1— 2	53	86	75
2— 3	63	96	96
3— 4	64	112	104
4— 5	65	116	109
5— 6	68	99	103
6— 7	67	83	87
7— 8	68	66	71
8— 9	62	48	60
9—10	59	33	47
10—11	46	27	23
11—Mittn.	45	19	16

zwischen 2 und 4 Uhr mittags die Gewittergefahr rund 10 mal so gross ist wie in den frühen Morgenstunden. Daraus kann man schliessen, dass die überwiegende Zahl der bei uns vorkommenden Gewitter Wärmegewitter sind, die also kurz nach Mittag entstehen. Gegen Abend wird die Gewittergefahr schnell wieder geringer. Insbesondere kann man annehmen, dass nach

5 Uhr keine neuen Gewitter mehr ausbrechen, sondern nur die um Mittag entstandenen sich allmählich verlaufen. In vielen Gegenden zeigt sich ein zweites kleines Maximum in den Zeiten zwischen 1 und 6 Uhr früh, welches den Nachtgewittern entspricht, praktisch aber ebenfalls nicht sehr ins Gewicht fällt Im Hochgebirge der Schweiz liegt die maximale Gewitterhäufigkeit in den frühen Abendstunden zwischen 4 und 8 Uhr. Ganz anders liegen die Verhältnisse über dem Meere, wo die Gewitter mehr über den ganzen Tag zerstreut sind, hauptsächlich aber nachts auftreten. Der Grund liegt darin, dass über dem Meere die lokalen Wärmegewitter im Sommer wegfallen, welche über dem Kontinent an Zahl bedeutend sind.

Was im Vorhergehenden über die jährliche und tägliche Verteilung der Gewitter gesagt ist, kann wohl auch mit einiger Wahrscheinlichkeit für die Böen im allgemeinen angewendet werden. Leider liegen Statistiken darüber nicht vor. Vielleicht aber werden in Zukunft die meteorologischen Zentralorganisationen dem eminenten Interesse Rechnung tragen, dass die Luftfahrt an der Beobachtung auch der kleineren Regenböen besitzt.

4. Aëronautische Bedeutung der Böen.

Wichtig für den Luftfahrer ist die Frage, wie man eine Böe von oben erkennt. Damit gleichzeitig ist zu untersuchen, bis zu welchen Höhen sie hinaufreichen.

Das ist nun ausserordentlich verschieden! — Wenn die Böe den Charakter des Gewitters annimmt, kann man wohl mit Recht behaupten, dass sie mindestens bis 5 km hinaufreicht, also für die gewöhnlichen Luftfahrzeuge nicht zu überspringen ist. Es ist vielfach falscherweise behauptet worden, dass ein Freiballon über ein Gewitter hinüberfliegen könne, ebenso wie man die Behauptung aufgestellt hat, dass von hohen Bergen die Gewitter unter dem Beobachter liegen. — Es ist ja möglich, dass die elektrischen Entladungen hauptsächlich in tieferen Schichten vor sich gehen, aber die ganze atmosphärische Störung, welche wir unter Gewitter verstehen, also der vertikale

Luftwirbel, reicht wenigstens bis zu der Minimalgrenze von 5 km hinauf. Solange die Wolken niedriger sind, besteht keine direkte Gewittergefahr. Im allgemeinen kann man wohl annehmen, dass der aufsteigende Luftstrom noch höher hinaufgeht, oftmals bis an die Grenze der untersten Hauptluftschicht in rund 10 km Höhe.

Eine solche Gewitterböe also kann man von oben im allgemeinen an den hoch hinaufreichenden Cumuluswolken erkennen, welche gewöhnlich von 4 km ab in die in einem vorhergehenden Kapitel beschriebenen Gewittercirren übergehen. Hierbei sei nochmals besonders hervorgehoben, dass die Gewitterwolken von oben durchaus nicht so schwarz und drohend aussehen, wie sie sich dem Erdbewohner darbieten, sondern blendend weiss und verhältnismässig unschuldig, so dass man besonders auch bei der erhabenen Stille, unter welcher sich die ganzen Erscheinungen abspielen, die Gefährlichkeit der Böen oft erst zu spät erkennt.

Im Gegensatz zu diesen Gewitterböen reichen z. B. die im Frühling häufig eintretenden Graupelböen (Aprilwetter) nur bis zu ganz geringer Höhe hinauf, so dass sie meist schon in 4000 m Höhe ihre obere Grenze erreichen. Herrscht an solchen Tagen eine mehr oder weniger zusammenhängende Wolkendecke mit scharfer oberer Grenze, so ragen die Wolken mit böigem Charakter nur verhältnismässig wenig, vielleicht einige Hundert Meter über die allgemeine Wolkendecke hervor und verraten oben kaum die Gefahr, welche in ihnen schlummert. Über diesen schwächeren Aprilböen fehlt häufig auch diejenige Wolkenform, welche sonst über aufsteigenden Luftströmen sich zu bilden pflegt, die schon häufiger genannten Gewittercirren in Gestalt von Kappen und ambossförmigen Gebilden.

Diese Anhaltspunkte interessieren natürlich in erster Linie den Freiballonfahrer, der allein häufiger in die Lage kommt, die Wolken von oben zu betrachten. Der Motorluftschiffer und Flieger, für welche ja die Böen eine viel grössere Gefahr bilden, werden nur selten in die Höhen gelangen, von wo die Gewitterwolken anders aussehen, als man sie vom Erdboden her schon kennt, und so werden auch sie die Böen meistens an dem dunklen, drohenden Aussehen erkennen können. Dieses verschwindet

erst, wenn der Beschauer in die Höhe des unteren Wolken-
wulstes kommt, also nicht mehr in das Böengewölbe hinein-
schauen kann. Die dunkle Färbung der unteren Wolken kommt dadurch zustande, dass die hoch darüber aufgetürmten Wolkenpartien
die unter ihnen liegenden beschatten. Eine Wolke erscheint also
um so dunkler, je grösser ihre vertikale Mächtigkeit ist. Wenn
daher bei der Böe der vorderste Rand am dunkelsten scheint,
so beweisst das, dass sich darüber — nämlich in Folge des
hier aufsteigenden Luftstromes — das Gewölk am höchsten
auftürmt.

Sobald man eine heranziehende Böe erkannt hat, muss
man sich die Frage vorlegen, wie man sich der Gefahr entziehen kann. Ein Freiballon mit genügend Ballast kann
schwache Böen überspringen, oder auch, wenn sie keinen
Gewittercharakter tragen, ruhig hindurchfahren. Bei mittleren
Ballonen muss man aber damit rechnen, dass etwa 10 Sack Ballast
erforderlich sind, um der Abkühlung, der Regenbelastung und
dem absteigenden Luftstrom das Gleichgewicht zu halten. Für
stärkere Böen, besonders, wenn die Gefahr der elektrischen
Entladungen besteht, gilt als einzige Regel: Landen!

Die Motorluftschiffe und Flugzeuge, denen ja eigentlich
schon jede Cumuluswolke infolge der in ihrer Nähe auftretenden Luftwirbel gefährlich werden kann, haben aber meist noch
eine andere Möglichkeit, nämlich der Gefahr aus dem Wege zu
gehen. Die Fortpflanzungsgeschwindigkeit der Böen ist gewöhnlich geringer als die Eigengeschwindigkeit der Fahrzeuge, und,
wenn man nicht allzunahe herangekommen ist, ist die Windrichtung oben gewöhnlich die gleiche wie die Zugrichtung der Böe.
Die schon oben erwähnten lokalen Wärmegewitter bewegen sich
gewöhnlich so ausserordentlich langsam, dass die Motorluft-
fahrzeuge bequem um sie herumfahren können. Haben sie sich
zu einer Gewitterfront entwickelt, so bleibt natürlich nur die
eine Seite zum Entfliehen übrig.

Als mittlere Geschwindigkeit der Gewitter und damit wohl
auch der Böen, hat man 30 bis 40 km in der Stunde beobachtet.
Wintergewitter und Nachtgewitter ziehen am schnellsten, während
die lokalen Wärmegewitter, die sich über Mittag bilden, am lang-

samsten fortschreiten. Besonders pflegen die aus Osten kommenden Gewitter langsam zu ziehen, weil die Ostwinde ja bekanntlich oft mit der Höhe an Geschwindigkeit abnehmen. Zuggeschwindigkeiten von mehr als 60 km werden nur ganz selten beobachtet. Die Möglichkeit, den Böen und Gewittern, nachdem man sie erkannt hat, zu entgehen, ist daher für Motorflugzeuge fast durchweg gegeben.

6. Wetterleuchten.

Über die elektrischen Erscheinungen der Böen soll in einem besonderen Bande dieser Sammlung Auskunft gegeben werden. Nur ein Punkt verdient noch Hervorhebung: das ist das sog. Wetterleuchten. Wenn vielfach auch in Lehrbüchern die Ansicht herrscht, dass Wetterleuchten entfernte Blitze sind, deren Donner nicht mehr gehört wird, so scheint das nur in ganz seltenen Fällen auf Wahrheit zu beruhen. Man erklärt

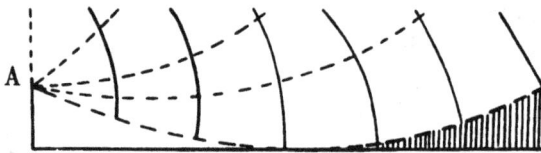

Fig. 26. Brechung der Schallwellen des Donners.

das Fehlen des Donners gewöhnlich damit, dass die Schallwellen beim Übergang in die unteren Luftschichten, welche in der Regel wärmer als die oberen sind, sich unten schneller fortpflanzen als oben, und infolgedessen ähnlich wie die Lichtstrahlen einen nach oben gekrümmten Weg zurücklegen. In beifolgender Figur 26 sollen die von A ausgehenden punktierten Linien die „Schallstrahlen" andeuten. In den schraffierten Teil können wegen der Brechung der Schallstrahlen aus den eben genannten Gründen keine Schallwellen dringen; man kann also dort den Donner nicht hören.

Aber — wie gesagt — diese Erklärung trifft nur selten zu. Bei verschiedenen Nachtfahrten mit Freiballonen hat man, obgleich man sich bis auf wenige Kilometer den Wolken nähern

konnte, in denen Wetterleuchten auftrat, keinerlei Donner
gehört. Es handelt sich also beim Wetterleuchten nicht um
eine Funkenentladung, die mit einem Knall verbunden ist, sondern um die sanfteren Glimmentladungen, welche geräuschlos auf
grösseren Flächen vor sich gehen. Man wird sich diese Erscheinung
so erklären müssen, dass gegen Abend mit der aufhörenden Sonnenstrahlung auch der aufsteigende Luftstrom und infolgedessen
auch die Cumulusbildung wegfällt; dass die in den oberen
Schichten entstandenen Gewittercirren hingegen mit einer hohen
elektrischen Ladung bestehen bleiben. Das Wetterleuchten
bedeutet demnach einen allmählichen Ausgleich
der tagsüber erzeugten elektrischen Spannung in
den Gewittercirren.

Mit dem Wetterleuchten sind aus den erwähnten Gründen
die gefährlicheren vertikalen Bewegungen der Luft nicht verbunden. Ob es aber ratsam wäre, sich mit Gasballonen in die
hochgespannten elektrischen Felder der wetterleuchtenden Wolken
zu begeben, möge dahingestellt bleiben. Es wäre interessant,
über diese Frage gelegentlich Auskunft zu bekommen.

7. Tromben.

Es gibt eine atmosphärische Störung, welche den Luft-
fahrzeugen noch gefährlicher werden kann als die Gewitter;
das sind Luftwirbel um eine vertikale Achse, welche
unter dem Namen „Wasserhosen", „Tromben" oder „Tornados" bekannt sind; glücklicherweise sind sie in unserer Gegend äusserst
selten. So viel mir bekannt, ist nur bei einer einzigen
Ballonfahrt, nämlich von Professor Berson, einmal eine Trombe
in grosser Entfernung beobachtet worden.

Die äussere Gestalt einer Trombe wird immer mit einem
ungeheuren Elefantenrüssel verglichen, der aus einer dunkeln
tiefen Wolke herabhängt und hin und her pendelnd mit grosser
Geschwindigkeit über die Gegend hinwegzieht. Überall, wo dieser
Wolkenschlauch, in welchem oft eine starke Wirbelbewegung
beobachtet wird, die Erde berührt hat, hinterlässt er furchtbare
Verwüstungen. Oft sind Menschen, grosse Tiere, Bäume, Häuser

sogar, emporgehoben und mehrere hundert Meter weit fort-
geschleppt worden.

Im Innern dieses Wirbelschlauches muss ein sehr tiefer
Luftdruck herrschen. Geschlossene Türen und Fenster werden

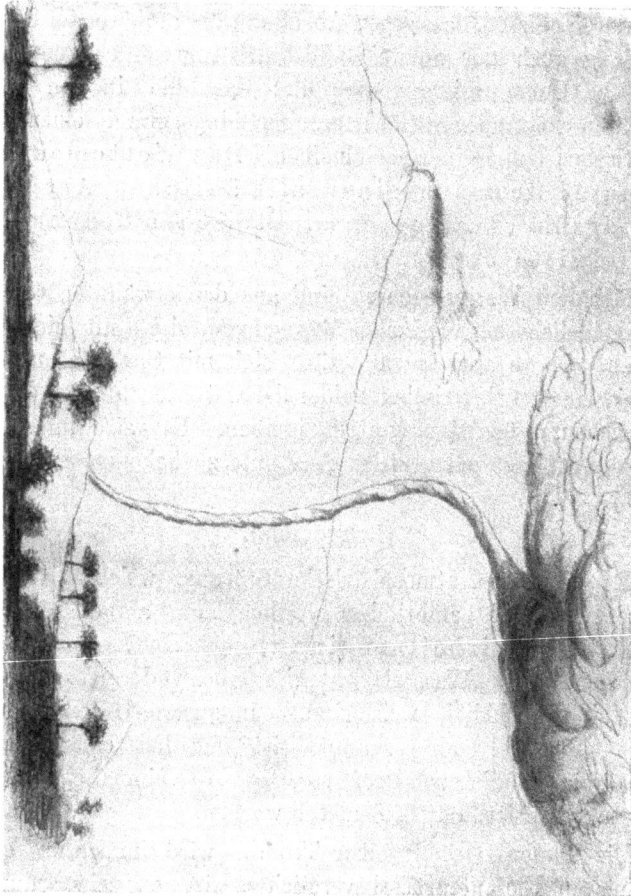

Fig. 27. Trombe.

Aus Arrhenius, Kosm. Physik.

explosionsartig nach aussen aufgerissen; Sand und — wenn der
Wirbel über Wasserflächen hinwegstreicht — Wassermassen werden
emporgesogen und in grossen Entfernungen wieder abgelagert.

Der Durchmesser dieser Luftwirbel ist verschieden, bisweilen
nur 100 m; bei nordamerikanischen Tornados ist aber häufig

ein Durchmesser von über 1 km beobachtet worden. Das Merkwürdige ist, dass schon in geringer Entfernung von der Erscheinung die vorher herrschende Luftströmung meist ohne Veränderung bestehen bleibt.

Die Tromben treten bei denselben Wetterlagen auf wie
die Gewitter, nämlich bei windstiller, schwüler, warmer Witterung,
und zwar in der wärmeren Jahreszeit und in der wärmeren
Tageszeit. In Nordamerika hat man festgestellt, dass die hauptsächlichste Vorbedingung für das Auftreten der Tromben das
Zusammentreffen zweier Luftströmungen von verschiedener Temperatur ist, ebenso wie wir es ja auch bei Gewittern kennen
gelernt haben. An der Grenze zwischen den beiden Luftströmungen, und zwar in der warmen Luftströmung, also mit
südlichen oder südwestlichen Winden, meist am Rande grosser
Zyklonen, entstehen solche Tromben. Andererseits ist in tropischen
Gegenden festgestellt, dass die Tromben besonders bei böigen
umlaufenden Winden aufzutreten pflegen.

Der Ursprung der Tromben ist bisher unbekannt. Die
Ursache liegt offenbar meistenteils in grösserer Höhe. Von dort
hat man häufig zuerst Wirbelschläuche herabkommen sehen und
beobachtet, wie sie sich erst allmählich bis zur Erdoberfläche ver-
längerten. In Gegenden, in denen Überhitzungen der Erdoberfläche vorkommen, z. B. in Wüsten und Steppen, ferner auch
bei Grasbränden zeigen sich Tromben in kleinerem Massstabe,
die offenbar durch den infolge der Überhitzung des Erdbodens
entstehenden Labilitätszustand der Luft hervorgerufen werden.
Zur Bildung der grossen in Nord-Amerika als Tornados bekannten
Tromben ist die Vorbedingung eines labilen Gleichgewichts-
zustandes nicht erforderlich. In letzter Zeit hat Dr. Alfred
Wegener die offenbar nahe Verwandtschaft zwischen Gewittern
und Tromben durch die Hypothese zu erklären gesucht, dass die
Tromben die nach der Erde zu umgekehrten Enden der Wirbel
mit horizontaler Achse seien, als welche wir die Böen und meisten
Gewitter betrachten können. Es war ihm jedoch bisher nicht
möglich, eine stichhaltige Begründung dieser Hypothese aus der
Theorie oder der Beobachtung zu geben. Wenn es sich jedoch
in Zukunft zeigt, dass die Tornados nur an den beiden Flanken

einer Böenfront auftreten, und zwar an der linken Front mit einer Drehung gegen den Uhrzeiger und an der rechten Front mit einer Drehung im Sinne des Uhrzeigers, so würde das sehr zur Stützung dieser Hypothese beitragen.

Der den Luftfahrern für den Fall einer Begegnung mit einer Trombe zu erteilende Rat kann nur derselbe sein, den wir beim Gewitter gegeben haben. Nämlich für Freiballone, die sich in der Richtung des Trombenzuges befinden, besteht die einzige Sicherheit, der Gefahr zu entgehen, im Landen. Die Wolke, aus welcher der Wirbel herunterhängt, ist zwar gewöhnlich nicht hoch, 1000 bis 2000 m, aber es ist anzunehmen, dass der Wirbel in der Wolke noch fortdauert. Infolgedessen ist ein Versuch, die Trombe zu überspringen, nicht ratsam. Flugzeuge und Motorluftschiffe können aber der Trombe leicht entkommen, weil sie erstens nur einen geringen Durchmesser hat und fernerhin auch nur die Durchschnittsgeschwindigkeit besitzt, welche man für das Gewitter annimmt, nämlich 30 bis 60 km die Stunde. Ein Zusammentreffen einer Trombe mit einem Luftschiff hätte dessen augenblicklichen Untergang zur Folge. Der geringe Luftdruck im Innern würde den Ballon zum Platzen bringen und die Trümmer eine Zeitlang mitschleppen, um sie irgendwo fallen zu lassen. Dem Flugzeug würde aber einfach die Luft unter den Flügeln weggenommen werden; es würde in der Luft zerbrechen und herabfallen.

Kapitel X.

Optische Erscheinungen.

1. Einleitung.

Das Kapitel der optischen Erscheinungen in der Atmosphäre kann in diesem Buche nur eine untergeordnete Stelle einnehmen. Der Leser wird sich entsinnen, wie anfangs gesagt wurde, dass einerseits die Kenntnis der hier behandelten Vorgänge dem Luftfahrer von Nutzen sein solle, dass andererseits aber auch die

Wissenschaft ein Interesse daran habe, einige unaufgeklärte Erscheinungen noch näher von Luftfahrern beobachtet zu sehen. — Die optischen Erscheinungen können nur ausnahmsweise von praktischer Bedeutung für den Luftsport werden, hingegen erregen sie sicherlich das Interesse eines Jeden, dem sie sich darbieten, so dass er den Wunsch haben wird, einiges über sie zu erfahren. Und häufig wird der Fall eintreten, dass es sich um Erscheinungen handelt, welche wegen ihrer Seltenheit und der Schwierigkeit der theoretischen Behandlung noch nicht genügend ergründet sind, und wo eine Aufklärung nur mit Hilfe der Luftfahrer erfolgen kann.

Leider kann es sich hier nur um einen kurzen Auszug aus dem vielseitigen Kapitel der Meteorologischen Optik handeln. Wer, durch optische Erscheinungen der Atmosphäre angeregt, etwas Genaueres darüber wissen will, der muss das vorzügliche Lehrbuch „Meteorologische Optik" des verstorbenen österreichischen Meteorologen J. M. Pernter (Wien und Leipzig 1902 bis 1909) zur Hand nehmen.

2. Die Schätzung der Winkelhöhe.

Da sind zunächst einige Erscheinungen zu nennen, welche tagtäglich zu beobachten sind — und zwar nicht nur in der freien Atmosphäre, sondern auch von der Erde aus —, die aber merkwürdigerweise dennoch sehr wenig bekannt sind, weil man, wie überhaupt bei meteorologischen Vorgängen, sie als etwas Alltägliches nicht weiter beachtet. So pflegen wir die wirkliche Höhe eines Gegenstandes in der Nähe des Horizontes stets zu überschätzen und zwar bis zur Höhe von 25^0 hin. Darüber hinaus unterschätzen wir hingegen alle Höhen. Zum Beispiel kommt uns der Mond am Horizont sehr viel grösser vor, als wenn er höher steht; wir überschätzen die Höhe der Berge, wenn wir sie im Winkelmass ausdrücken sollen; das Himmelsgewölbe erscheint uns nicht als Kugel, sondern flacher gewölbt; die Sternbilder in der Nähe des Horizontes kommen uns grösser und ausgebreiteter, die einzelnen Sterne voneinander entfernter vor, als wenn wir sie in der

Gegend des Zenits sehen. Ferner hat diese auf physiologischen Vorgängen beruhende, bisher unaufgeklärte Eigentümlichkeit unseres Auges zur Folge, dass wir die Höfe um den Mond und die Sonne nicht rund, sondern eiförmig sehen, und zwar steht die grosse Achse vertikal. Diese Eigentümlichkeit unseres Sehvermögens verursacht, dass wir in der Nähe des Horizontes zwei wirkliche Winkelgrade so gross sehen wie etwa 6, 3 wie 9, 4 wie 11, 5 wie 13 usw. Pernter gibt in seinem Buche folgende Tabelle, welche die wahre Höhe der Gegenstände und die scheinbare, unter der wir sie sehen, einander gegenüberstellt:

Wahre Höhe	5	10	15	20	25	30	35	40	45°
Scheinbare Höhe	13	25	34	42	49	55	60	64	67°

Wahre Höhe	50	55	60	65	70	75	80	85	90°
Scheinbare Höhe	71	74	76	79	81	84	86	88	90°

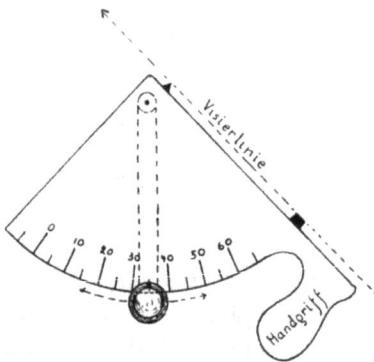

Fig. 28. Pendelsextant.
(B. Bunge, Berlin SO.)

Diese Tabelle, welche uns bei Beobachtungen von Ereignissen am Himmel von Vorteil sein kann, sagt also, dass, wenn man von dem Zwischenraum zwischen Zenit und Horizont nach Augenmass die Mitte sucht, man in Wirklichkeit nicht unter 45°, sondern nur unter 23° den Blick nach oben gerichtet hat. Der Durchmesser des Mondes erscheint uns beispielsweise am Horizont verdreifacht, unter 15° verdoppelt, unter 35° etwa in der richtigen Grösse und von 65° ab nur noch in halber Grösse.

Die Beobachtung optischer Erscheinungen der Atmosphäre besteht hauptsächlich in Höhenmessungen und Zeitnotierungen. Zu Höhenmessungen von der Erde aus bedient man sich der Theodolithe, welche statt des Fernrohres oder ausser dem Fernrohr eine Visiervorrichtung haben. Im Freiballon

kann man sehr gut einen Pendelsextanten benutzen,
wie er in Fig. 28 abgebildet ist: Mittels einer Visiervorrichtung gibt man der oberen Kante des Sextanten möglichst genau
die Richtung, deren Neigung gegen die Horizontale man messen
will. Dann stellt sich ein beweglicher Arm, der lotrecht herunterhängt, auf die betreffende Gradzahl ein. Sobald dieses Pendel
zur Ruhe gekommen ist, hält man es fest und liest ab.

Oft aber genügen schon annähernde Angaben, welche ohne In-
strumente erhalten werden können: Hält man nämlich die ausge-
breitete Hand in Armlänge vor das Gesicht, so bedeckt sie ihrer
Breite nach bei einem erwachsenen Mann etwa 9 bis 11°, also
rund 10°. Hiernach kann man die Höhe einer Himmelser-
scheinung auf einige Grad genau feststellen.

3. Erscheinungen unnormaler Strahlenbrechung.

Wenn die Abnahme der Dichte der Luft mit der Höhe
besonders stark ist, werden die von einem Punkte ausgehenden

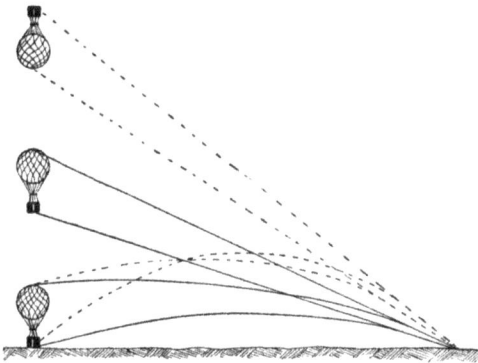

Fig. 29. Luftspiegelung nach oben.

Lichtstrahlen so gebrochen, dass die Strahlen einen nach oben
gekrümmten Weg beschreiben; sie treffen das Auge eines entfernten Beobachters in einem ganz anderen Winkel als eine
direkte Verbindungslinie zwischen Auge und Objekt es tun
würde. Der Beobachter sieht also die Gegenstände in der Luft
schweben, gleichsam gehoben (s. Fig. 29).

Aus den früheren Kapiteln kennen wir solche Verhältnisse
der schnellen Dichteabnahme der Luft mit der Höhe, es sind
die Fälle mit Temperaturzunahme mit der Höhe, oder
luftschifferisch ausgedrückt, wenn Luft besonders stabil gelagert
ist. Die höheren Schichten sind dann einesteils deshalb dünner,
weil sie unter geringerem Druck stehen, zweitens weil sie
wärmer sind. An der Erdoberfläche, besonders über kalten
Seen und Meeren, kommt es bisweilen vor, dass die Temperaturzunahme mit der Höhe ganz ausserordentlich grosse Werte annimmt, oft über 10° für 100 m. Dann sieht man gegenüber-
liegende Küsten hoch aus dem Meere heraussteigen und nahe
an den Beobachter herankommen, wie das besonders von der
italienischen Küste und vom Kanal her ja bekannt ist.

In der freien Atmosphäre kann diese Erscheinung wohl
auch eintreten, wenn man sich in einer starken Stabilitätsschicht befindet und in gleicher Höhe über dem Horizont andere
Gegenstände vorhanden sind, die man betrachtet. Jedoch kann
die Temperaturzunahme mit der Höhe in der freien Atmosphäre niemals so gross werden wie am Erdboden.

Wenn diese starke Dichteabnahme mit der Höhe — oder,
wie wir früher immer gesagt haben, die Temperaturzunahme
mit der Höhe — einen besonders hohen Grad erreicht hat und
weit hinaufreicht, so werden die Lichtstrahlen häufig in der
Weise gebrochen, dass die schräg nach oben von einem Punkte
ausgehenden Strahlen gänzlich reflektiert und wieder nach unten
gerichtet werden, wie es die gestrichelten Linien in Figur 29
zeigen. Es werden also die unter verschiedenen Winkeln aus-
tretenden Strahlen in verschiedener Weise gebrochen, so dass
der Lichtstrahl, der von einem tiefer liegenden Punkte aus-
geht, das Auge eines entfernten Beobachters unter einem grösseren Winkel trifft als der von einem höher liegenden Punkte
ausgehende Strahl. Der Beobachter sieht dann das untere Ende
eines Gegenstandes oben, das obere unten, also alles verkehrt.
Er sieht aber oft gleichzeitig auch den Gegenstand in der
richtigen Lage und nur wenig über den Horizont erhoben. Es
kann also bei einer starken Temperaturzunahme mit der Höhe
der Fall eintreten, dass man einen entfernten Gegenstand unter

verschiedenen Winkeln sieht, wobei das eine oder andere dieser Bilder auf dem Kopfe stehen kann. Das ist die Erscheinung der Luftspiegelung nach oben.

Überlegen wir einmal, wie ein in einigen hundert Metern Höhe über der Erde befindlicher Beobachter diese Erscheinung bemerken würde, wenn die starke Inversionsschicht und damit auch die total reflektierende Luftzone schon unter ihm ihr Ende erreichte. Es würden dann die von unten her kommenden Lichtstrahlen, bevor sie ihn erreichen, nach unten umgebogen werden, so dass sie garnicht in sein Auge gelangen. Er sieht also die Erde nicht. Diese eigentümliche Erscheinung ist dem Verfasser einmal aufgestossen, als er in einer aussergewöhnlich warmen Märznacht vom Südwind über die Mecklenburgische Ebene getragen wurde. In der klaren Nacht hatte sich der Erdboden stark abgekühlt, darüber wehte ein abnorm warmer Südwind, es war also mit einer starken Temperaturzunahme mit der Höhe zu rechnen. Wir flogen ohne Orientierung mit grosser Geschwindigkeit in etwa 500 m Höhe und machten bei den ersten Sonnenstrahlen grosse Anstrengungen, die Orientierung wieder zu bekommen, um nicht von der Küste überrascht zu werden. Da sahen wir plötzlich nicht nur dicht vor uns, sondern auch zu beiden Seiten jenes gleichmässige Grau, als welches sich die Wasserfläche am frühen Morgen darbietet. Nur unter uns sahen wir noch Land. Es war natürlich, dass wir mit grösster Eile landeten. Als wir aus dem Walde, in dem wir gelandet waren, herauskamen, um das Meer zu sehen, zeigte sich nur eine tiefe Geländemulde unseren erstaunten Blicken und wir befanden uns noch mehr als 50 Kilometer von der Küste entfernt. Eine Luftspiegelung mit totaler Reflexion hatte uns getäuscht.

Es gibt aber auch noch eine Luftspiegelung nach unten, wobei die Lichtstrahlen nach unten gekrümmt erscheinen. Der Beobachter sieht dann höher schwebende Gegenstände in einer tieferen Lage noch einmal und zwar meist auf dem Kopfe, so dass man ausser dem direkten Bilde eines Gegenstandes auch noch sein Spiegelbild unter dem Gegenstand erblickt.

Man hat dann den Eindruck, als ob der Gegenstand über einer Wasserfläche sich befände und im Wasser gespiegelt würde.

Zum Zustandekommen dieser Luftspiegelung nach unten müssen die entgegengesetzten Verhältnisse herrschen wie im oben betrachteten Falle. Es muss eine Zunahme der Dichte mit der Höhe eintreten, also eine starke Temperaturabnahme mit der Höhe. Luftspiegelungen nach unten kommen daher in sehr labilen Schichten der Atmosphäre vor, wie sie sich nur auf kurze Zeit und unter ganz besonderen Verhältnissen halten können, z. B. in der Wüste.

Häufig kann man beobachten, dass Sonne und Mond in der Nähe des Horizontes starke Verzerrungen aufweisen, ja, dass das verzerrte Bild in mehreren voneinander getrennten Abschnitten erscheint. Man hat es dann mit einer oder mehreren dicht über der Erde lagernden Schichtungen zu tun, die entweder als besonders stabile oder als besonders labile Schichten einen unnormalen Verlauf der Lichtstrahlen in der oben beschriebenen Weise hervorrufen. Wenn wir also diese Verzerrungen, z. B. der untergehenden Sonne, sehen, so können wir mit Sicherheit auf das Vorhandensein von Schichtungen schliessen.

4. Scintillation.

Wenn man über eine erhitzte Fläche hinwegsieht, so bemerkt man, dass Gegenstände in einiger Entfernung nicht mehr scharf erscheinen, sondern die Ränder der einzelnen Objekte mehr oder weniger stark hin- und herschwanken. Am bekanntesten ist diese Erscheinung bei den Sternen, welche bei klarem Wetter funkeln, d. h. scheinbar schnelle Zitterbewegungen und Wechsel in Helligkeit und Farbe ausführen. Man nennt diese Erscheinung Scintillation, und zwar unterscheidet man drei verschiedene Arten: Zitterbewegungen des Lichtes, Helligkeitswechsel und Farbenwechsel.

Aufmerksame Beobachtungen haben ergeben, dass die Scintillation der Sterne in der Nähe des Horizontes am stärksten ist und von dort nach dem Zenit zu abnimmt; ja, häufig tritt in der Nähe des Zenits überhaupt keine Scintillation mehr auf. Farbenwechsel der Sterne wird bloss bis zu einer Höhe von etwa 40° beobachtet. Wenn häufig behauptet wird, dass die Planeten nicht scintillieren, so beruht dies auf einem Irrtum; allerdings ist das Scintillieren bei den grösseren Fixsternen weit geringer.

Erklärt werden die Erscheinungen der Scintillation durch kleine Luftschlieren, das sind Ungleichmässigkeiten der Luft, welche die durch sie hindurch laufenden Lichtstrahlen brechen und ablenken und dabei oft auch eine Farbenzerstreuung bewirken. Man hat berechnet, dass diese Luftschlieren nur eine Länge von wenigen Zentimetern haben.

Diese Luftschlieren können auf verschiedene Weise entstehen, hauptsächlich existieren sie wohl in den erdnahen Schichten der Atmosphäre, in welchen der tägliche Temperaturwechsel vor sich geht: Zu stark überhitzte Luftmassen geraten ins Aufsteigen, während die kälteren herabfallen. Dann aber werden diese Erscheinungen der Scintillation herbeigeführt, wenn Luftteilchen von verschiedener Dichte, z. B. an den Grenzen zweier verschiedener Luftmassen (in Stabilitätsschichten), aneinander vorübergeführt werden. Ferner kann auch jede stark bewegte Luftmasse während des Strömens Schlieren bilden, weil immer kleine Unregelmässigkeiten in der Luftbewegung vorkommen müssen.

Hieraus folgern wir, dass die Scintillation an der Erdoberfläche selbst am stärksten sein, dass sie aber auch noch über den Schichten täglichen Luftaustausches bemerkt werden muss und zwar um so stärker, je mehr Schichtenbildungen in der Atmosphäre vorhanden sind und je grösser die Windgeschwindigkeit höherer Schichten ist. Diese Kenntnis kann bisweilen von Nutzen sein. Im Ballon bemerkt man daher die Scintillation gewöhnlich sehr viel weniger als am Erdboden.

Man misst die Scintillation mit besonders konstruierten Fernrohren und Spektrometern, wie sie u. a. von C. Wolf, Respighi und Karl Exner angegeben sind, sogenannten „Scintillometern". Näheres darüber möge man im oben genannten Werke von Pernter nachschlagen.

5. Halo-Erscheinungen.

Die bisher besprochenen Erscheinungen entstehen, ohne
dass irgendwelche fremde Körper in der Atmosphäre vorhanden
sind, allein durch Unregelmässigkeiten in der Zusammensetzung
der Luft. Die prächtigsten Lufterscheinungen jedoch, von denen
jetzt die Rede sein soll, bedürfen zu ihrem Zustandekommen
der Anwesenheit von zahlreichen Eiskristallen oder Wassertröpfchen. In der deutschen Sprache findet man leider keine
genaue Unterscheidung der verschiedenen hier zu besprechenden
Lichtphänomene. Nach Pernters Vorschlag sollen hier alle
durch Brechung in Eisnadeln hervorgebrachten Erschei-

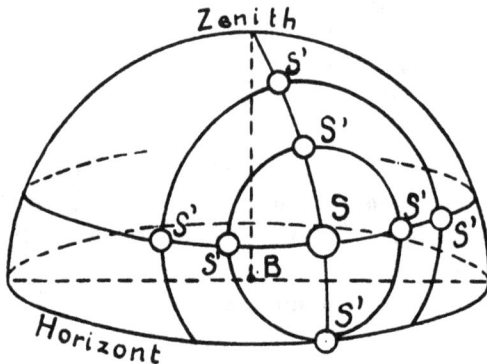

Fig. 30. Schema eines Halos.

nungen als „Halo-Erscheinungen" bezeichnet werden und
die durch Beugung erzeugten farbigen Kreise mit dem Ausdruck „Kränze". Im Volksmunde sind gewöhnlich die Be-
zeichnungen „Hof" und „Ring" sehr gebräuchlich; da aber
beide oft schwer zu unterscheiden sind und die Höfe teilweise
durch Reflektion, teilweise durch Beugung hervorgerufen werden,
müssen wir eine Unterscheidung im obigen Sinne eintreten
lassen.

Halo-Erscheinungen kommen um Sonne und Mond
vor; sie sind je nach ihrer Ausbildung in ihrer äusseren Gestalt
sehr verschieden. Meistens erscheinen sie — wie man der schema-

tischen Zeichnung in Fig. 30 entnehmen möge — nur als ein im Abstand von etwa $22^1/_2^0$ um die Sonne S herum verlaufender weisser oder farbiger Ring; seltener befindet sich in einem weiteren Abstand von etwa 45° noch ein zweiter schwächerer Ring. Dann wird auch bisweilen ein durch die Sonne parallel zum Horizont verlaufender grosser Ring beobachtet, von dem gewöhnlich nur die in der Nähe der Sonne gelegenen Teile ausgebildet sind. Überall da, wo dieser Ring die anderen Ringe

Aus Arrhenius, Kosm. Physik.

Fig. 31. Sonnen-Halo.

schneidet, entstehen leicht erklärlicherweise besonders leuchtende Stellen, welche als „N e b e n s o n n e n“ (S′) bezeichnet werden. Solche Nebensonnen entstehen nicht nur rechts und links von der Sonne, sondern auch genau darüber und darunter, im grossen und im kleinen Sonnenringe.

In ganz besonders seltenen Fällen hat man nun ausser diesen Ringen, die mit einem Halbmesser von $22^1/_2$ und 45° um die Sonne beschrieben sind, noch einen dritten Ring im Ab-

stande von 90° beobachtet. Bisweilen befinden sich dort, wo die
Nebensonnen in den Ringen auftreten, nach aussen gekrümmte
„Berührungsbogen" (s. Fig. 31). Gegenüber der Sonne entsteht eine
Gegensonne, welche genau wie die Sonne selbst von Nebensonnen
umgeben ist. Endlich beobachtet man bisweilen Lichtkreuze
und Säulen, welche durch die Sonne gehen und auf dem Hori-
zonte senkrecht stehen. Nur in ganz vereinzelten Fällen hat
man noch andere, unsymmetrische Lichterscheinungen ausser
den beschriebenen Erscheinungen gesehen, welche zur Sonne
symmetrisch liegen.

Zur Erklärung dieser seltsamen Erscheinungen wird als
sicher angenommen, dass sie nur in Eisnadelwolken auftreten.
Ausser den bekannten Cirruswolken gibt es auch noch Eisnebel
und andere tiefliegende Eiswolken, welche besonders bei Ballonfahrten und auf Bergeshöhen häufig genug beobachtet werden.
In diesen erleiden die Sonnen- und auch die Mondstrahlen
gewisse Brechungen und Reflexionen, welche durch die verschiedenen Möglichkeiten gegeben werden, auf welche die Sonnenstrahlen durch diese Eiskristalle hindurch verlaufen können.
Diese Eiskristalle gehören ja bekanntlich durchweg dem hexa-
gonalen System an, d. h. ihre Flächen schneiden sich unter
60°. Häufig werden sie aber auch, besonders wenn sie als Eisnadeln
oder Säulen auftreten, oben und unten von Flächen begrenzt,
welche die übrigen rechtwinklig schneiden. Zur Erklärung der
runden Formen der Lichtbogen müssen wir annehmen, dass
von der grossen Menge der Kristalle eine Anzahl in genau
gleicher Lage in der Luft schweben und dass immer nur diejenigen Strahlen zu uns fallen, welche von den gleichgerichteten
Kristallen gegen die direkte Verbindungslinie zwischen Auge und
Sonne unter demselben Winkel gebrochen oder reflektiert werden
und das Auge des Beobachters erreichen.

Die Einzelheiten der Halo-Erscheinungen zu erklären, ist
hier nicht der Ort. Die verschiedenen Variationen sind ausserordentlich sorgfältig in dem schon oben erwähnten Buche von
J. M. Pernter behandelt.

Lange Zeit herrschte unter den Meteorologen die Ansicht
vor, dass es zur Bildung der Halo-Erscheinungen erforderlich

sei, dass alle Eisnadeln mit ihrer längeren Achse senkrecht stehen. Man sprach sogar von einem Naturgesetz: Alle Körper fielen so, wie sie den geringsten Widerstand böten. Neuerdings haben aber Versuche gezeigt, dass dieses Prinzip nicht richtig ist. Man kann im Gegenteil an Körpern, welche die Form der Eisnadeln haben, beobachten, dass sie in horizontaler Lage herunterfallen und dabei um ihre Längsachse rotieren.

Durch diese Erkenntnis wird aber die Theorie der Halo-Erscheinungen in keiner Weise berührt. Denn ausser den Eisnadeln gibt es in der Natur weit reichere Formen der Eiskristalle, welche anderes Verhalten zeigen. G. Hellmann unterscheidet zwei grosse Klassen, je nach ihrem Verhältnis der Haupt- und Nebenaxen: Tafelförmige und säulenförmige Schneekristalle. Die tafelförmigen zerfallen wieder in strahlige Sterne, Plättchen und Kombinationen von beiden; bei den säulenförmigen unterscheidet Hellmann Prismen (darunter rechnet er auch die Nadeln), Pyramiden und Kombinationen von tafel- und säulenförmigen Kristallen (s. Fig. 32). Den Luftfahrern möge dringend ans Herz gelegt werden, darauf zu achten, aus welchen Kristallformen die Wolken bestehen, welche Halo-Erscheinungen zeigen, und in welcher Lage sich diese fallenden Eiskristalle befinden; z. B. ob die Eisplättchen richtige Gleitbewegungen mit oder ohne Rotationen ausführen, ob die runden Sternchen in horizontaler Lage gleichmässig oder schwankend herunterfallen und anderes mehr. Für die Wissenschaft wären alle diese Augenbeobachtungen von grosser Bedeutung.

Die Untersuchungen nach der Lage der Eiskristalle sind besonders wichtig für die Erklärung der „Untersonne". So nennt man das in den horizontal liegenden Kristallflächen gespiegelte Bild der Sonne. Man erblickt es unter sich, wenn man entweder dicht über oder in einer lockeren Eisnadelwolke sich befindet, als eine helle bisweilen von einer Glorie umgebene Lichtfläche. Die Ränder des Bildes sind unscharf, und noch in weiter Entfernung sieht man hie und da ein Aufblitzen feiner Strahlen, ein Flimmern der Luft, das auf fortwährende Schwankungen und Drehungen der Kristalle

Nach Aufnahmen von Dr. R. Neuhauss.

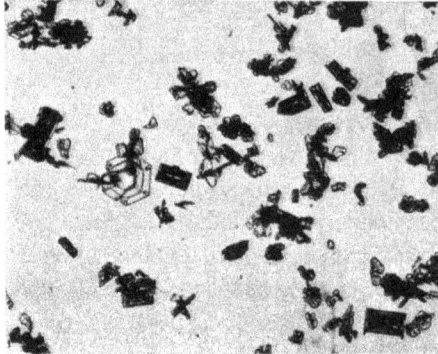

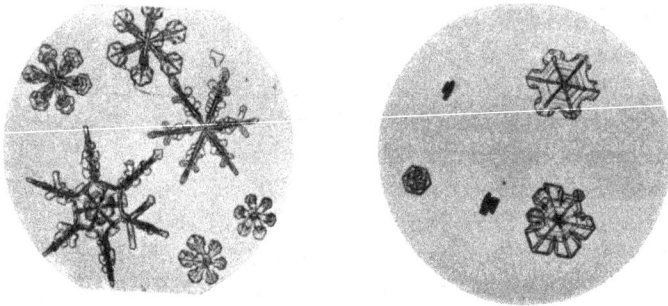

Fig. 32.
Verschiedene Arten von Schneekristallen.
(Aus G. Hellmann, Schneekristalle.)

schliessen lässt. Dr. Alfred Wegener verdanken wir neben-
stehende Photographie (s. Fig. 33).

Dass es sich wirklich um ein Spiegelbild der Sonne handelt,
kann man sehr gut erkennen, wenn man gleichzeitig über

Aufnahme von Dr. Alfred Wegener-Marburg.

Fig. 33. Untersonne.
(Jahrbuch d. D. Luftsch.-Verb. 1911.)

Wasserflächen hinfährt und das in dem Wasser gespiegelte
Bild der Sonne in derselben Richtung liegen sieht wie die
Untersonne.

6. Kranzerscheinungen.

Die bisher besprochenen Halo-Erscheinungen, welche man
auch vulgär Sonnen- und Mondringe nennt, unterscheiden sich
von den jetzt zu besprechenden Kranzerscheinungen, die nach

der vulgären Ausdrucksweise in Sonnen- und Mondhöfe einerseits
und Glorienerscheinungen (Brockengespenst) andererseits zerfallen, dadurch, dass die ersteren, wie schon erwähnt, durch
Brechung und Reflexion des Lichtes entstehen und die Kranzerscheinungen durch Beugung der Lichtstrahlen.

Um die physikalische Erscheinung der Beugung kurz zu
erklären, erinnern wir daran, dass, wenn man einfarbiges
Licht durch einen engen Spalt auf einen Schirm fallen lässt,
man nicht nur ein Bild des Spaltes bekommt, sondern eine Reihe
von Bildern, von denen das mittelste das deutlichste ist und
deren Helligkeit nach beiden Seiten abnimmt. Ist das Licht
— wie z. B. das Sonnenlicht — mehrfarbig, dann entstehen
statt der vielen hellen und dunklen Streifen ebensoviel farbige
Bänder, und zwar liegt bei jedem einzelnen Band das Rot aussen
und das Blau innen. (Bei den Halo-Erscheinungen hingegen
liegt das Rot der Lichtquelle am nächsten.)

Nun finden wir in der Natur zwar keine Spalte, aber wenn
die Luft angefüllt ist von einer grossen Anzahl sehr kleiner
Bestandteile, mögen das nun Regentröpfchen, Eisnadeln oder
Staubkörnchen sein, dann wirken die Zwischenräume zwischen
diesen festen Körperchen auf das Licht in gleicher Weise und
lassen die Lichtquelle von einem hellen Lichtkranze umgeben
erscheinen, der zumeist auch farbige Ränder hat. Jedoch treten
niemals die Regenbogenfarben auf, sondern meist nur in der
Nähe des Gestirns ein weisslicher bis bläulicher Schein und bisweilen auch an der anderen Seite des hellen Lichtkranzes ein
Rot oder Purpurrot, jedoch nicht sehr häufig. Wenn man oft
liest, dass an diesen Kränzen um Sonne und Mond sämtliche
Regenbogenfarben beobachtet worden seien, so beruht das auf
Selbsttäuschung.

Diese Kranzerscheinungen treten am häufigsten als sogenannte Mondhöfe auf; aber wenn man es nur versteht, dieselbe
Erscheinung um die Sonne zu finden, so bemerkt man, dass
man ebenso häufig auch die Sonne von einem hellen Hof umgeben sieht. Zu diesem Zwecke muss man die Sonne selbst
mit der Hand abdecken.

Die Grösse der Kränze ist sehr verschieden. Ihr Halbmesser beträgt gewöhnlich nur einige Grade, in ganz seltenen
Fällen hat man jedoch auch die Grösse bis annähernd 20° beobachtet. Aus der Theorie ergibt sich, dass der Ring um so
grösser sein muss, je kleiner die Partikelchen sind, welche
die Beugungserscheinungen hervorrufen. Wenn die Tropfen
sehr gross sind, so fallen die Ringe fast mit der Lichtquelle
selbst zusammen. Man kann also aus dem Durchmesser der
Kränze die Grösse der Teilchen berechnen, welche die Erscheinung
hervorrufen, und zwar heisst die Formel nach Pernter

$$r = \frac{m}{\pi} \cdot \frac{\lambda}{\sin \vartheta}$$

Hierbei ist λ die Wellenlänge des weissen Lichtes, nämlich
= 0,000571 mm, ϑ der Halbmesser des betreffenden Beugungs-
ringes und $\frac{m}{\pi}$ ist eine Grösse, welche für den ersten Ring 0·610,
den zweiten Ring 1·116, für den dritten 1·619 usw. ist. r ist
dann der Radius jedes einzelnen als Kugel gedachten Tröpfchens,
Kristalles oder Körnchens. Die Beugungserscheinungen kommen
nur dann zustande, wenn viele Bestandteile die gleiche Grösse
haben und sind um so heller, je gleichförmiger die Zusammensetzung ist.

Für den Luftschiffer am interessantesten ist die „Glorie",
das sogenannte „Brockengespenst", das sich ebenfalls als
Beugungserscheinung zu erkennen gibt. Es erscheint, wenn
der Schatten des Kopfes des Beobachters auf eine ganz in der
Nähe befindliche Wolke geworfen wird. Dann sieht man um
den Schatten des Kopfes herum einen hellen Kranz, die sogenannte „Aureole" und diese bisweilen mit farbigen Rändern.
Das beifolgende Bild Fig. 34 ist eine Photographie von Dr. Alfred
Wegener. Natürlich sieht man ausser dem Schatten des Kopfes
noch den ganzen Ballonschatten und, wenn die Wolke weiter entfernt
ist, könnte man annehmen, dass der Ring sich um den Ballonschatten
befindet. Ist die Wolke jedoch ganz nahe, das Schattenbild also sehr
gross, so sieht man deutlich, dass der Ring den Schatten des Kopfes
zum Zentrum hat. Es ist ganz gleichgültig, ob die Wolke aus

Tröpfchen oder aus Eiskristallen besteht, wie man sich häufig überzeugen kann; jedoch fällt die Erscheinung in Eiskristallen farbenprächtiger aus.

Wenn man mehrere Kränze um den Ballonschatten sieht, sollte man die Halbmesser der einzelnen Kreise auf irgend eine Weise messen oder schätzen, weil sich daraus, wie schon gesagt, die Grösse der beugenden Teilchen ergibt und die bisher ange-

Aufnahme von Dr. Alfred Wegener-Marburg.

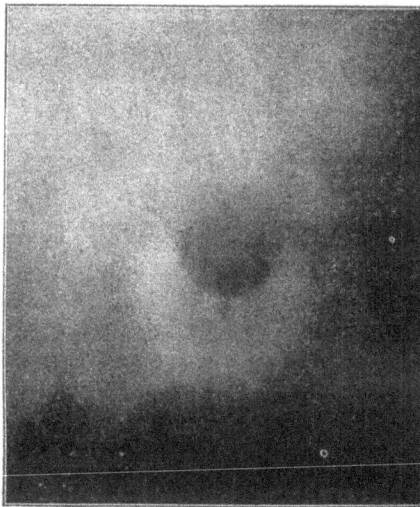

Fig. 34. Ballonschatten mit Aureole (Brockengespenst).
(Jahrb. d. D. Luftsch.-Verb. 1911).

stellten Messungen mehrfach widersprechende Resultate gegeben haben.

7. Optische Erscheinungen im Dunst.

Über die farbenprächtigen optischen Erscheinungen in der Atmosphäre, welche durch Lichtbrechung in den Eiskristallen hervorgerufen werden, übersieht man gewöhnlich die nicht minder interessanten und auch für die Luftschiffahrt unter Umständen wichtigen optischen Erscheinungen, welche dem Vorhandensein von Dunst in der Luft ihre Entstehung verdanken. Im siebenten Kapitel, S. 40 ff dieses Bandes, ist ausführlich auseinandergesetzt, was wir unter Dunst verstehen und welche Gesetzmässigkeiten wir in seinem Verhalten kennen. Auch schon im ersten Kapitel des ersten Bandes, Seite 18 und folgende ist vom Dunst und Staub der Luft die Rede gewesen. Hierauf sei deshalb noch einmal kurz verwiesen.

Am letztgenannten Orte ist angeführt, dass die Sonnenstrahlen im Dunst diffus reflektiert werden und zwar um so mehr, je dichter der Dunst ist. Die diffuse Reflexion macht den Dunst scheinbar selbstleuchtend, wobei es nicht ausgeschlossen ist, ob nicht unter den hohen elektrischen Spannungen innerhalb der Dunstschichten bisweilen etwas wie Glimmentladung vorkommen kann. Dieses Leuchten des Dunstes erschwert bei Fahrten in Vollmondnächten sehr merkbar die Orientierung. Gerade bei heiterem Wetter bilden sich ja nachts dicht über der Erde die dichten Dunstschichten. Wenn dann das fahle Vollmondlicht darauf fällt, so scheinen die Dunstschichten oft so hell, dass man die Einzelheiten der Erdoberfläche durch diese leuchtenden Schichten hindurch nicht recht erkennen kann. Die Orientierung ist deshalb in dunkeln Nächten oft einfacher als in dunstigen Vollmondnächten.

Übrigens stören diese Dunstschichten auch am Tage sehr häufig den Blick auf die Erde, besonders wenn man sich dicht über ihnen befindet, weil dann die von der Erde zu uns gelangenden Lichtstrahlen einen grösseren Teil der Dunstschicht passieren müssen, als wenn man sich in grosser Höhe darüber befindet. In letzterem Falle sieht man ja unter einem grösseren Winkel durch die dünnen Schichten hindurch. Es wird wohl schon manchem Luftfahrer aufgefallen sein, dass die Erde aus grösserer Höhe besser zu erkennen gewesen ist als in geringer Höhe, nämlich während er dicht über der Dunstschicht schwebte.

Es war zweckmässig, an diese in geringer Höhe über der Erde liegenden Dunstschichten zu erinnern, um zu erklären, weshalb Beobachtungen astronomischer Vorgänge, aber auch der Lichterscheinungen in den hohen Schichten der

Atmosphäre besser vom Freiballon oder Motorluftschiff aus zu erkennen sind als von der Erde. Wie wenig Leute haben jemals z. B. die geheimnisvolle Erscheinung des Zodiakallichtes, s. Fig. 35, an der Erdoberfläche beobachten können. Meist geht der schwache Lichtschimmer in dem diffusen Licht unter, das die untersten trüben Luftschichten von der Erdoberfläche empfangen. Bei Nachtfahrten im Freiballon hingegen wird man verhältnismässig häufig das Zodiakallicht beobachten können, wenn man es nur kennt und darauf achtet. Einige Hinweise auf diese optischen Vorgänge in den höchsten Schichten der Atmosphäre werden deshalb wohl manchem erwünscht sein.

Zu gewissen Zeiten im Jahre erscheint nach Beendigung der Abenddämmerung oder vor Beginn der Morgendämmerung, im ersten Falle im Westen, im letztern im Osten ein blasser, schräg nach Süden gerichteter Lichtkegel, der am Horizont eine Breite von fast 90° hat und beinahe bis zum Zenith hinaufreichen kann. Da es im Tierkreis auftritt, ist es Tierkreislicht (Zodiakallicht) benannt. Bisweilen sieht man ihm gegenüber auch einen „Gegenschein", der mit dem Zodiakallicht durch die „Lichtbrücke" verbunden ist. An den Tag- und Nachtgleichen ist es am hellsten und zwar erscheint es im Herbst am Morgen und im Frühjahr am Abend. Wenn es im Westen (abends) auftritt, ist es etwas heller, ähnlich wie man es auch bei den Dämmerungserscheinungen beobachten kann. Die grösste Helligkeit beobachtet man im südlichen Drittel der ganzen Breite des Lichtstreifs. Die Erklärung ist noch umstritten. Aber man kann wohl annehmen, dass die Erscheinung durch Beleuchtung der höchsten, stauberfüllten Luftschichten durch die untergehende Sonne bewirkt wird. A. Wegener nimmt Totalreflexion in einer hochgelegenen (200 km) Stabilitätsschicht an.

Die wissenschaftliche Beobachtung hat sich — unter ständiger Notierung der Zeit — auf die genaue Lage des Zodiakallichtes in den Sternen, sowie seine Höhe und östliche sowie westlichen Grenzen zu erstrecken. —

Wenn wir bei Erörterung des Zodiakallichtes annehmen müssen, dass es durch Reflexion der letzten die Erde tangierenden Sonnenstrahlen an einer in etwa 200 km Höhe anzu-

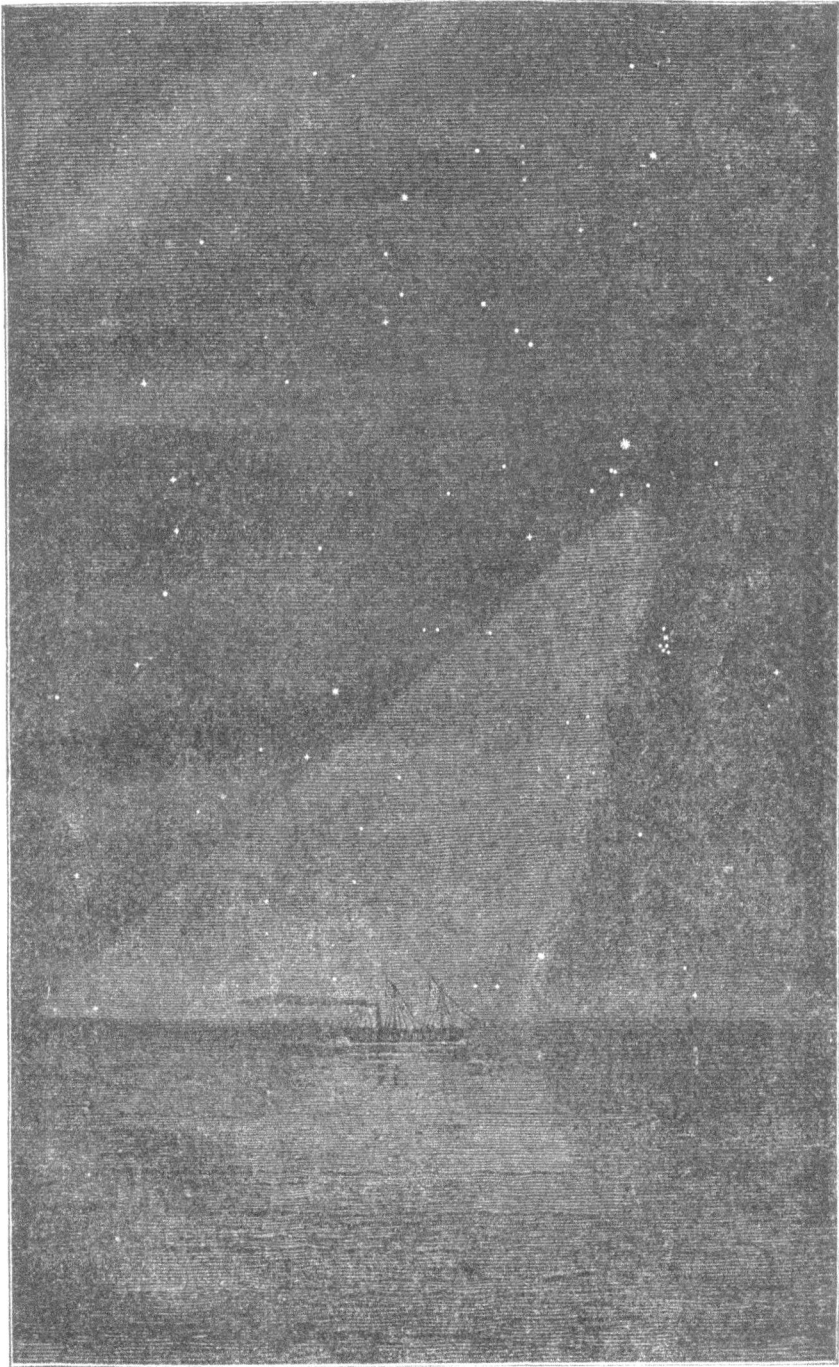

Aus Arrhenius, Kosm. Physik.

Fig. 35. Zodiakallicht.

nehmenden Dunstschicht entsteht, so beruhen die Dämmerungserscheinungen, von denen jetzt kurz die Rede sein soll, darauf, dass in tiefen Schichten, nämlich zwischen 20 und 60 km Höhe, Lichtreflexionen an feinkörniger Materie stattfinden.

Der Verlauf der Abenddämmerung ist etwa folgender: Bei Sonnenuntergang zeigt sich gegenüber der Sonne, also im Osten, eine mehr oder weniger starke Rötung des Himmels, welche „Gegendämmerung" genannt wird. Diese Rötung am Osthimmel ist stärker als die am nördlichen und südlichen Himmel. Einige Minuten nachdem die Sonne unter dem Horizont verschwunden ist, sieht man, dass im Osten eine dunkle Schicht am Horizont auftritt, die sich langsam nach oben ausdehnt und die Gegendämmerung allmählich von unten herauf auslöscht; das ist der „Erdschatten". Man kann ihn deutlich feststellen, wenn man sieht, dass der rötliche Schein in etwa 10° Höhe noch immer intensiver vorhanden ist als tiefer am Horizont während der rote Schein vorher dicht über dem Horizont am auffälligsten war. Der Erdschatten stellt also diejenigen Teile der hohen Dunstschicht dar, welche nicht mehr von der Sonne getroffen werden können, weil die Erdkugel sich zwischen der Sonne und ihnen befindet. Man kann das Emporsteigen des Erdschattens selten höher als 10 bis 15° beobachten.

16 bis 20 Minuten nach Sonnenuntergang, wenn die Gegendämmerung am Osthimmel verschwunden ist, hat sich über der Gegend, wo die Sonne untergegangen ist, der schon vorher vorhandene Dämmerungsschein wesentlich verändert. Er erscheint nämlich nicht mehr am Horizont, sondern unter etwa 30 bis 50° Höhe am hellsten und zwar in einer Färbung, die zwischen rosa und purpurrot schwankt. Diese Erscheinung wird das „Purpurlicht" genannt (s. Fig. 36). Es hat zunächst eine kreisrunde Gestalt mit einem Durchmesser von etwa 40° und erreicht ihre deutlichste Ausbildung 20 bis 30 Minuten nach Sonnenuntergang, wenn die Sonne etwa 4° unter dem Horizont steht. Dann taucht dieses blassrote Licht langsam in dem hellen Dämmerungsstreifen unter, welcher in weiter Ausdehnung den Horizont dort bedeckt, wo die Sonne untergegangen ist. Der

heller Dämmerungs-
bogen.

Dunst.

←Horizont.

Fig. 36. Das Purpurlicht (während des Untertauchens).

Beobachter wird beim ersten Male nicht von selbst dieses
Purpurlicht entdecken, wenn es nicht besonders stark ausgebildet
ist. Er muss sich erst durch Vergleichung des Anblicks des
Himmels im Norden und Süden mit der Gegend über dem
Sonnenorte an die Beobachtung des Purpurlichtes gewöhnen.
Dann wird es ihm aber auch nicht schwer sein, die einzelnen
Phasen (erstes Auftreten, maximale Sichtbarkeit, Erlöschen)
festzustellen.

Das Merkwürdige und zunächst Überraschende bei Däm-
merungserscheinungen ist nun die Wiederholung des ganzen
Vorganges, welche als „zweite Gegendämmerung" und „zweites
Purpurlicht" (35 bis 45 Minuten nach Sonnenuntergang) bezeichnet

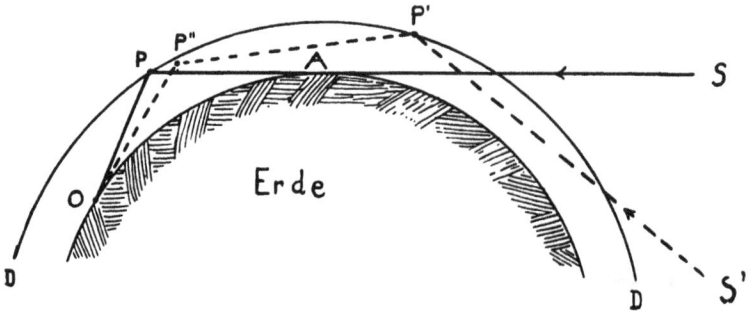

Fig. 37. Erklärung des 1. und 2. Purpurlichtes.

wird. Ja, zu Zeiten stärkster Ausbildung der Dämmerung hat
man sogar noch zeitweise ein drittes Aufleuchten des Purpurlichtes beobachtet.

Nach den bisher herrschenden Ansichten kommt das Purpurlicht
etwa folgendermassen zustande: In beifolgender Figur mögen vom Punkt S
parallele Sonnenstrahlen herkommen, welche die Erdkugel E im Punkte A
tangieren. Über der Erdoberfläche schwebt nun die Dunstschicht D, welche
von den die Erde tangierenden Sonnenstrahlen in der Gegend P beleuchtet
wird, während für die unter der Linie A—P liegenden Punkte die Sonne
schon untergegangen ist. Die in der Gegend P reflektierten Sonnenstrahlen
fallen nach der Gegend O, wo der Beobachter gedacht wird. Für ihn sind
dann die erleuchteten Teile P der hohen Dunstschicht das Purpurlicht.

Wenn nun aber die Erde sich allmählich weiter herumdreht oder, wie man sich auch vorstellen kann, die Sonne tiefer gesunken ist, dann kommen die Sonnenstrahlen von der Gegend S' und belichten die Teile P' der Dunstschicht D. Die reflektierten Strahlen treffen jetzt die Dunstschicht D, bei der wir eine grössere vertikale Mächtigkeit annehmen müssen, noch einmal im tiefer gelegenen Punkte P", den sie ebenfalls, allerdings schwächer, erleuchten. Von hier aus gelangen sie dann zu dem Beobachter in Punkt O, der diese hellen Stellen P" als zweites Purpurlicht sieht.

Ausser diesen Reflexionen, spielen offenbar auch noch Beugungserscheinungen beim Purpurlicht eine Rolle.

Die wissenschaftliche Beobachtung des Purpurlichtes besteht nun erstens in einer genauen Zeitbestimmung der einzelnen Phasenabschnitte. Sobald man das Purpurlicht erkannt hat, schreibt man die dazu gehörige Zeit in sein Beobachtungsjournal. Natürlich muss die Uhr innerhalb einer Minute richtig gehen. Ferner ist es auch von Wert, über die Winkelhöhe, in der die Erscheinungen auftreten, unterrichtet zu sein.

Messungen der Dämmerungserscheinungen sind für die Wissenschaft immer von Wichtigkeit, besonders aber in solchen Zeiten, wo die Dämmerung auffallend farbenprächtig ist (bei allen diesen Erscheinungen ist angenommen, dass der Himmel so gut wie wolkenlos ist), z. B. nach starken Vulkanausbrüchen, wenn die Erde durch Kometenschweife oder Sternschnuppenschwärme gegangen ist, usw. Besonders wichtig ist dann die Feststellung, inwiefern die Dämmerungserscheinungen in grossen Höhen anders ausgesehen haben als zu gleicher Zeit an der Erdoberfläche. Durch den Unterschied liesse sich die Mitwirkung der dazwischen liegenden Dunstschichten feststellen, und auf die Höhe, in der sich die Dämmerungserscheinungen abspielen, interessante Schlüsse ziehen.

Wenn ein Luftfahrer bei einer Nachtfahrt zur Feststellung optischer Vorgänge der höchsten Luftschichten, als welche wir die Dämmerung und das Zodiakallicht anzusprechen haben, Gelegenheit hat, so möge er besonderen Wert darauf legen, alle Beobachtungen, und mögen sie ihm noch so nebensächlich scheinen, genau und stets mit Angabe der Zeit zu protokollieren

und besonders interessante Vorgänge durch flüchtige, später
genauer auszuführende Skizzen festzuhalten. Am besten ist es,
wenn der Eine unablässig beobachtet, fortwährend seine Augen
am Himmel hin und her wandern lässt und dabei einem anderen
seine Beobachtungen diktiert. Bei einer aufmerksamen Beobachtung tritt nämlich eine Anpassung des Auges an schwache
Lichterscheinungen ein, welcher jedesmal etwas verloren geht,
sobald man seine Beobachtungen aufschreibt. Die Skizzen muss
er selbst anfertigen.

Natürlich haben diese zuletzt beschriebenen Erscheinungen
für den Luftfahrer keine praktische Bedeutung. Sie sind aber
in der Überzeugung hier eingefügt worden, dass jeder Luftfahrer mit der Zeit ein tiefergehendes Interesse für Meteorologie
bekommen muss, über das praktische Bedürfnis hinaus sich mit
allen Vorkommnissen in der Atmosphäre beschäftigt und Aufklärung über das sucht, was er bei seinen Fahrten Merk-
würdiges beobachtet hat.

Anhang.

Kurze Anweisung für wissenschaftliche Ballonfahrten.

A. Vorbereitungen. Bei wissenschaftlichen Ballonfahrten, besonders Hochfahrten, hat es sich als zweckmässig erwiesen, stets nach einem genauen Schema zu beobachten, das man etwa in der beigegebenen Form (s. S. 124) auf einen Pappkarton aufklebt und an einem Bindfaden befestigt. Sehr zweckmässig ist auch eine sofortige graphische Darstellung der beobachteten Temperaturen auf Millimeterpapier (von unten nach oben wird die Höhe, von links nach rechts die Temperatur aufgetragen), damit man die Stabilität der verschiedenen Luftschichten und deren Mächtigkeit schnell erkennt und stets eine Orientierung hat, in welchen Höhenlagen noch Beobachtungen erwünscht sind. Auch den Verlauf der Feuchtigkeit kann man mit Vorteil gleich graphisch darstellen. — Eine andere Regel aus der Praxis ist die, dass man eine grössere Anzahl kleiner Bleistifte in allen möglichen Taschen haben soll, damit man sie schnell zur Hand hat.

B. Allgemeines über Beobachtungen. Es ist für wissenschaftliche Beobachtungen zweckmässig, den Ballon stets in gleichmässigem Steigen zu erhalten, bis der Ballast, abgesehen vom Landungsballast, verbraucht ist, um dann schnell zu landen. Die Ablesungen werden gemacht jedesmal, wenn der Ballon zu steigen aufhört, also bevor erneut Ballast gegeben wird. (Für Dauerfahrten gilt diese Regel natürlich nicht). — Sobald man in eine neue Luftschicht gelangt, wenn möglich auch kurz vorher, müssen Ablesungen der Temperatur und Feuchtigkeit gemacht werden, also z. B. jedesmal vor und nach Passieren einer Dunstschicht oder einer Wolkengrenze.

Wissenschaftliche Fahrt mit Ballon „Ziegler" (Wasserstoff).
1909, April 26. Führer: . . . . Beobachter: . . . .

Zeit	Barometer Luft-druck	Thermometer trocken	Thermometer feucht	Strahlungs-Thermometer	Sonnenschein (0—2)	Bewölkung Grösse, Dichte, Form (0—10) (0—2) oberhalb	unterhalb	Erdpunkt unter dem Ballon	Besondere Beobachtungen und Notizen
6a 55	4,5 / 756,5	4,8	3,8	7,6	☉¹	Str-Cu 5¹	—	Griesheim a. M.	∞, Wind: SW ca. 4 m p s.
7a 8									Abfahrt. — Richtung N E.
7a 8	4,5 / 710,0	6,0	4,1	15,5	☉²	„	8	Rödelheim	oberer Rand der Dunstschicht, Wind im Korbe.
7a 28	4,0 / 620,0	— 0,2	— 0,5	7,2		Str-Cu 5¹	8		dicht unter d. Str-Cu Zeitmarke am Barographen.
7a 34	4,0 / 610,0	+ 0,2	— 0,7	18,4	☉²	Ci 1°	Str-Cu 5¹	Homburg v. d. Höhe	Ci am Westhimmel, dicht über d. Str-Cu, Brockengespenst.
7a 58	2,2 / 524,4	— 9,6	— 10,0	12,0	☉¹	Ci 4°	Str-Cu 8¹ (Wogen)		Cirren breiten sich schnell nach Osten aus. ⊕

Zu jeder Beobachtung, welcher Art sie auch immer sei, gehört eine gleichzeitige Ablesung der U h r und des B a r o m e t e r s. Besonders die Notierung der Zeit soll man nie vergessen.

Der erste Blick des Beobachters nach der Landung ist der auf die Uhr.

C. Abkürzungen.

Wolkenformen:

⊙ Regen	⊕ Sonnenring	Ci	=	Cirrus
✳ Schnee	⊖ Sonnenhof	Ci-Str	=	Cirro-Stratus
▲ Hagel	∈| Mondring	Ci-Cu	=	Cirro-Cumulus
△ Graupeln	(Mondhof	Str	=	Stratus
← Eisnadeln	⌒ Regenbogen	A-Str	=	Alto-Stratus
⚊ Nebel	R Gewitter	Cu	=	Cumulus
≡ Bodennebel	≺ Wetterleuchten	A-Cu	=	Alto-Cumulus
∞ Dunst	⊙ Sonnenschein	Str-Cu	=	Strato-Cumulus
		Ni	=	Nimbus
		Cu-Ni	=	Cumulo-Nimbus

D. Luftdruck. Es wird niemals d i e H ö h e an einem Aneroid abgelesen, sondern stets nur d e r L u f t d r u c k. Die Höhe wird erst nachträglich daraus berechnet. Am Barographen sollen von Zeit zu Zeit, jedenfalls aber am Anfang und am Ende eines Barographen- streifens Z e i t m a r k e n gemacht werden, die man in das Beobach- tungsbuch einträgt. Man vergesse nicht, vor Beginn der Fahrt und nach der Landung den Luftdruck abzulesen, weil daraus die Korrektion des Barometers und eine etwaige Veränderung während des Transportes erkannt werden kann.

E. Temperatur. Zuverlässige Temperaturangaben liefern nur aspirierte Thermometer, die mindestens 5 m weit vom Ballon ent- fernt hängen, also das Assmannsche Aspirations-Psychrometer und das Fernpsychrometer von Hartmann und Braun. Es ist unumgäng- lich notwendig, dass ungeübte Beobachter sich vor der Fahrt durch zahlreiche Messungen die nötige Gewandtheit im Ablesen der Thermometer erwerben.

F. Feuchtigkeit. Man soll nicht vergessen, dass die feuchten Thermometer in der gewöhnlich trockeneren Luft höherer Schichten häufiger befeuchtet werden müssen als auf der Erde. Ist jedoch bei Temperaturen unter 0° ein gleichmässiger Eisüberzug entstanden,

so unterlässt man am besten weitere Befeuchtung. In der Umgebung von 0° zeigt das feuchte Thermometer infolge der Änderung des Aggregatzustandes häufig zu hohe Werte, ein Zeichen,
dass man noch einige Minuten mit der Beobachtung warten
muss.

G. Strahlung. Die Stärke der Sonnenstrahlen wird nach
drei Graden geschätzt:

$\odot^0$ = Sonne scheint durch dünne Wolken
$\odot^1$ =   „   „   „ Dunst
$\odot^2$ = Sonnenschein bei klarer Luft.

Bei tiefem Sonnenstande kann auch Dunst schon die
Strahlung auf den Grad 0 herabdrücken.

H. Wolken. Vor und nach Ein- und Austritt aus einer Wolke
müssen Temperatur und Feuchtigkeit (abgesehen von Höhe und Zeit)
notiert werden. Man achte besonders auf die Veränderung der
Bewölkung während der Fahrt und die Übergänge aus einer
Form in die andere.

I. Wind. Von Zeit zu Zeit, wenigstens alle Stunden, jedenfalls
so oft der Ballon von einer Luftschicht in eine andere eintritt, aber
sucht man den Ort, über dem sich der Ballon befindet, unter
Angabe der Zeit festzustellen. Auch wenn man ohne Orientierung fährt, soll man diesen Ort nach leicht wiederzufindenden
Geländemarken (Eisenbahn, Fluss, Stadt etc.) möglichst genau
beschreiben. In den meisten Fällen kann man ihn durch Inter-
polation nachträglich feststellen und daraus dann genau Richtung
und Geschwindigkeit der Fahrt feststellen. — Die ungefähre
Richtung des Ballons stellt man nach dem Kompass fest. Es
soll jedoch dabei erwähnt werden, dass selbst erfahrenen Ballon-
führern dabei leicht erhebliche Irrtümer unterlaufen können,
besonders bei grossen Höhen und schwachen Winden.

K. Aussergewöhnliche Beobachtungen. Bei aussergewöhn-
lichen Beobachtungen (optische Erscheinungen, seltene Wolkenformen etc.) macht man so gut es geht, Skizzen und Notizen,
welche man sofort nach der Landung genauer ausarbeitet.

Hartmann & Braun A.G.

≡≡ Frankfurt a. M. ≡≡

Apparat zur astronomischen Orts-
bestimmung im Ballon nach Dr. Brill.

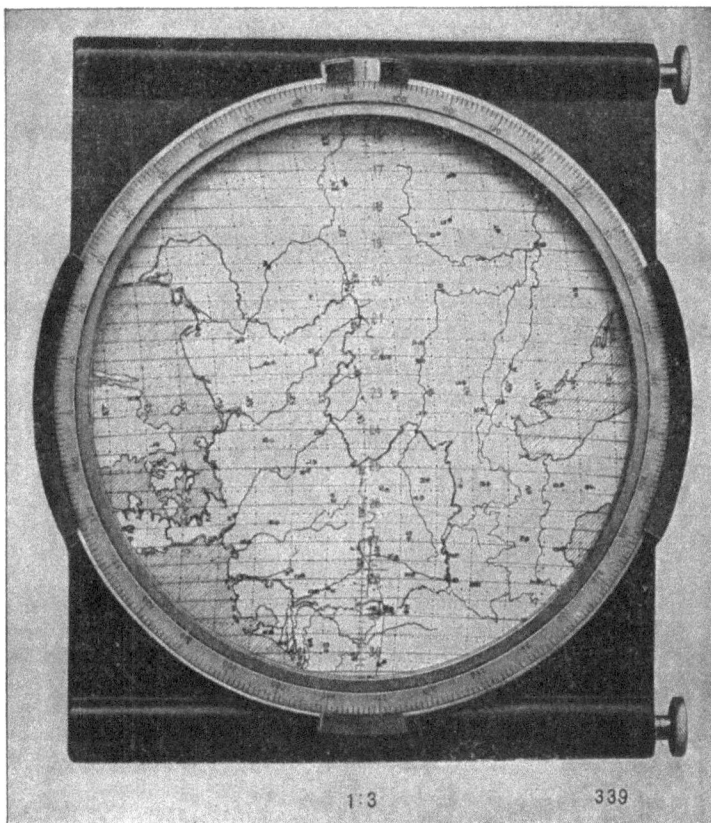

Gewicht nur 1430 g.
Auch von Laien leicht und rasch zu handhaben.

Patent-Luftschraube „Integrale"

ist die älteste, vollkommenste und die beste Schraube

D. R. P.

nahezu 100% Nutzeffekt   absolute Sicherheit

Siegerin   besitzt

sämtlich. Meetings   alle Welt-Rekords

und alle deutsche Rekords

L. Chauvière, Ing., Frankfurt a. M.

Büro und Fabrik: Günderodestrasse 5

PARIS   **LONDON**

FRANZ BENJAMIN AUFFARTH

BUCHHANDLUNG — VERLAG

FRANKFURT a. M. Zeil 122, Fernsprecher Amt I, 5124

SPEZIALITÄT:

WERKE ÜBER LUFTSCHIFFAHRT

Flugtechnik und verwandte Gebiete.

Spezialkatalog über die Literatur der Luftschiffahrt wird auf Verlangen gratis und franko zugesandt.

Meteorologische Instrumente

R. Fuess, Steglitz, Düntherstrasse 8.

Telegramm-Adresse: „Fuess, Steglitz".

Telephon Amt St. 65.

www.ingramcontent.com/pod-product-compliance
Lightning Source LLC
Chambersburg PA
CBHW050645190326
41458CB00008B/2433